普通中等职业教育电气类系列教材

机械工业出版社精品教材

自动检测与转换技术

第 3 版

梁　森　黄杭美　编著

郑崇苏　主审

机械工业出版社

本书是机械工业出版社普通中等职业教育电气类系列教材，主要介绍在工业等领域常用传感器的工作原理、特性参数及安装、接线等方面的知识，对误差、抗干扰技术及检测技术的综合应用等也作了介绍。

本书形式生动、活泼，迎合中职学生的年龄特点；内容浅显易懂，教师易教，学生易学。每章均附有启发性的思考题及应用型习题。

作者还为本书的出版建立了一个对应的"自动检测技术教辅网站"：www. liangsen. net。

本书可作为普通中等职业技术学校的机械、数控、机电一体化、汽车制造、电气自动化、智能楼宇、仪表仪器、计算机、电子信息等专业方向的教材，也可供生产、管理、运行及其他初级工程技术人员参考。本书的参考学时约为 48 学时。

图书在版编目（CIP）数据

自动检测与转换技术/梁森，黄杭美编著. —3 版. —北京：机械工业出版社，2007.5（2025.1 重印）
普通中等职业教育电气类系列教材
ISBN 978-7-111-05575-4

Ⅰ. 自 . . . Ⅱ. ①梁 . . . ②黄 . . . Ⅲ. ①自动检测—专业学校—教材②传感器—专业学校—教材 Ⅳ. TP274 TP212

中国版本图书馆 CIP 数据核字（2007）第 059927 号

机械工业出版社（北京市百万庄大街 22 号　邮政编码 100037）
责任编辑：高　倩　范政文　版式设计：霍永明
责任校对：申春香　　　　责任印制：郜　敏
北京富资园科技发展有限公司印刷
2025 年 1 月第 3 版·第 33 次印刷
184mm×260mm·14 印张·319 千字
标准书号：ISBN 978-7-111-05575-4
定价：45.00 元

电话服务　　　　　　　　　网络服务
客服电话：010-88361066　　机　工　官　网：www. cmpbook. com
　　　　　010-88379833　　机　工　官　博：weibo. com/cmp1952
　　　　　010-68326294　　金　书　网：www. golden-book. com
封底无防伪标均为盗版　机工教育服务网：www. cmpedu. com

前　言

做学生时，我曾对专业课很头痛，看到一大堆公式和推导就一头雾水。后来接触到了很多国外的专业课本以及参考教材，读下来才知道，原来专业教材不一定要那么枯燥无味，也可以写得很生动。

在讲授中职课程的这些年里，我们一直想写一本中职学生易学、教师易教、内容符合高素质、技能型劳动者需要的检测技术方面的教材。这次酝酿改版时，我们按照对中职学生培养目标的理解，尽量降低理论深度，使用启发式的语言、幽默的漫画、浅显易懂的小实验来介绍检测技术的基本原理和典型应用。学生和初级技术人员自学时也能饶有兴趣地读完它。

我们还从大量传感器产品说明书中，挑选出几十个典型的技术指标、特性参数表以及产品的铭牌，训练学生读懂技术岗位上经常要接触到的产品说明书，并给出了近百幅传感器安装、电路接线等方面的实物照片，其意图是使中职机电类专业学生获得工作中所必须掌握的传感器、现代检测系统等方面的基本知识和专业技能。

本书分成十三章。第一章介绍检测技术的基本概念和误差知识；从第二章到第十一章介绍常用传感器，最后两章总结了自己多年来在工程中遇到的抗干扰技术和检测技术的综合应用经验，希望能对提高读者的综合职业能力有所帮助。

现在的学生对网络十分熟悉，因此，本书给学生出一些利用网络技术来检索相关知识的题目，以拓展视野、提高学习兴趣。同时为了让各地区教师交流教学经验，共享教学资源，我们还建立了与本书配套的网站，取名为"自动检测技术教辅网"，网址为 http：//www. liangsen. net，希望大家有空上网浏览。该网站已经添加了 50 万字以上的专业拓展资料、1000 多张传感器照片、几十家传感器公司网站链接。大家还可以在该网站上进行在线练习，并且可以就学习中的疑问在 BBS 里提问，我们会及时给读者答复。

本书可作为普通中等职业技术学校的机械、数控、机电一体化、汽车制造、电气自动化、智能楼宇、仪表仪器、计算机、电子信息等专业方向的教材，也可供生产、管理、运行岗位的初级工程技术人员参考。本书的参考学时约为 48 学时，各校可根据各自的专业方向，选讲有关章节。

本书由上海电机学院梁森（绪论、第一、二、三、四、六、七、八、十、十一、十二、十三章及统稿）和杭州职业技术学院黄杭美（第五、九章）共同编写。

福州大学的郑崇苏老师担任本书的主审，对书稿进行了认真、负责、全面的审阅。在本书编写过程中，还得到了上海电机学院王侃夫、上海交通大学朱承高、原上海机电工业学校阮智利、温州职业技术学院徐虎、原上海机械高等专科学校谢根涛等专家及数十家工程公司和研究所的大力支持，他们对本书提出了许多宝贵意见。梁佳莹、斯帕为本书绘制了部分插图。作者在此一并表示衷心的感谢。

由于传感器和检测技术发展较快，作者水平有限，本书内容难免存在遗漏和不妥之处，敬请读者批评指正。我们真诚希望本书能对从事和学习自动检测技术的广大读者有所帮助，并欢迎通过 E-mail，把对本书的意见和建议告诉我们，E-mail 地址是 liangwan@shtel. net. cn，也可以在"自动检测技术教辅网"（梁老师答疑网）的 BBS 上留言。**需要复制多媒体课件的教师可与作者联系。**

梁　森

目　　录

前言

绪论 ……………………………………… 1

第一章　检测技术的基本概念 ………… 9

第一节　测量的分类 ……………… 9

第二节　测量误差及分类 ………… 10

第三节　传感器及其基本特性 …… 14

思考题与习题 ……………………… 19

第二章　电阻传感器 …………………… 21

第一节　电位器传感器 …………… 21

第二节　电阻应变传感器 ………… 24

第三节　测温热电阻传感器 ……… 30

第四节　气敏电阻传感器 ………… 36

第五节　湿敏电阻传感器 ………… 39

思考题与习题 ……………………… 41

第三章　电感传感器 …………………… 45

第一节　自感传感器 ……………… 45

第二节　差动变压器传感器 ……… 49

第三节　电感传感器的应用 ……… 50

思考题与习题 ……………………… 55

第四章　电涡流传感器 ………………… 57

第一节　电涡流传感器的工作原理 … 57

第二节　电涡流传感器的结构及特性 … 58

第三节　电涡流传感器的测量转换
电路 ……………………… 59

第四节　电涡流传感器的应用 …… 60

第五节　接近开关及其应用 ……… 64

思考题与习题 ……………………… 67

第五章　电容传感器 …………………… 70

第一节　电容传感器的工作原理

及特性 …………………… 70

第二节　电容传感器的测量转换电路 … 74

第三节　电容传感器的应用 ……… 74

第四节　压力、液位和流量的测量 … 77

思考题与习题 ……………………… 82

第六章　压电传感器 …………………… 84

第一节　压电传感器的工作原理
及特性 …………………… 84

第二节　压电传感器的测量转换电路 … 85

第三节　压电传感器的应用 ……… 87

第四节　振动的测量 ……………… 89

思考题与习题 ……………………… 92

第七章　超声波传感器 ………………… 95

第一节　超声波的基本知识 ……… 95

第二节　超声波换能器及耦合技术 … 98

第三节　超声波传感器的应用 …… 99

第四节　无损探伤 ………………… 103

思考题与习题 ……………………… 106

第八章　霍尔传感器 …………………… 109

第一节　霍尔元件的工作原理及特性 … 109

第二节　霍尔集成电路 …………… 111

第三节　霍尔传感器的应用 ……… 113

思考题与习题 ……………………… 117

第九章　热电偶传感器 ………………… 120

第一节　温度测量的基本概念 …… 120

第二节　热电偶传感器的工作
原理与分类 ……………… 122

第三节　热电偶冷端的延长 ……… 125

第四节　热电偶的冷端温度补偿 …… 126

第五节　热电偶的应用及配套仪表 … 127

思考题与习题 ………………… 130

第十章　光电传感器 ……………… 132

第一节　光电效应及光电元器件 …… 132

第二节　光电元器件的基本应用

电路 ………………… 138

第三节　光电传感器的应用 ………… 141

第四节　光电开关及光电断续器 …… 148

思考题与习题 ………………… 151

第十一章　数字式位置传感器 ……… 153

第一节　角编码器 ………………… 153

第二节　光栅传感器 ……………… 158

第三节　磁栅传感器 ……………… 161

第四节　容栅传感器 ……………… 164

思考题与习题 ………………… 167

第十二章　检测系统的抗干扰技术 … 169

第一节　噪声干扰及其防护 ………… 169

第二节　电磁兼容技术 …………… 172

思考题与习题 ………………… 182

第十三章　检测技术的综合应用 …… 184

第一节　现代检测系统的基本结构 … 184

第二节　传感器在温度、压力测控

系统中的应用 …………… 188

第三节　传感器在流量测量中的

应用 ………………… 190

第四节　传感器在现代家电中的

应用 ………………… 192

第五节　传感器在现代汽车中的

应用 ………………… 194

第六节　传感器在数控机床中的

应用 ………………… 198

第七节　传感器在机器人中的应用 … 200

第八节　传感器在智能楼宇中的

应用 ………………… 203

思考题与习题 ………………… 207

附录 ………………………………… 210

附录A　常用传感器的性能及选择 …… 210

附录B　工业热电阻分度表 ………… 212

附录C　镍铬-镍硅（K）热电偶

分度表 ………………… 213

附录D　部分习题参考答案 ………… 215

参考文献 ………………………… 216

绪　论

一、检测技术的概念

检测（Detection）是利用各种物理、化学效应，选择合适的方法与装置，将生产、科研、生活等各方面的有关信息通过检查与测量的方法赋予定性或定量结果的过程。**能够自动地完成整个检测处理过程的技术称为自动检测与转换技术。**

图 0-1 所示的"曹冲称象"的故事在中国可谓尽人皆知，人们都在赞叹少年曹冲的聪明才智。然而在今天，运用自动检测技术，可以很容易地称出大象的体重。

能够自动地完成称重过程就好了！

图 0-1　曹冲称象

二、检测技术的作用

检测技术用于国防、航天、工业、日常生活等诸多领域，图 0-2 ～ 图 0-5 所示为检测技术在这些领域应用的一些典型示例。

图 0-2　宇航员在载人飞船中练习操作各种仪表

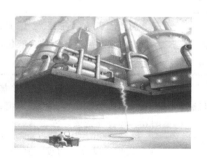

图 0-3　检测系统在电厂中的应用

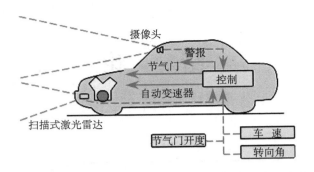

图 0-4　检测技术在车辆碰撞预防系统中的应用

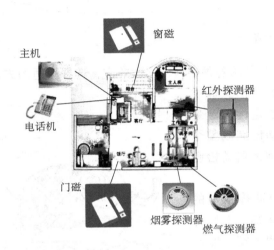

图 0-5　检测技术在智能楼宇中的应用

三、检测的内容

检测技术涉及的范围比较广泛，常见的检测对象如表 0-1 所示。

表 0-1　检测技术涉及的内容

被测量类型	被 测 量	被测量类型	被 测 量
热工量	温度、压力（压强）、压差、真空度、流量、流速、物位、液位、界面等	物体的性质和成分量	气体、液体、固体的化学成分、浓度、粘度、湿度、浊度、透明度、颜色等
机械量	直线位移、角位移、速度、加速度、转速、应力、应变、力矩、振动、噪声、质量（重量）等	状态量	工作机械的运动状态（起停等）、生产设备的异常状态（超温、过载、泄漏、变形、磨损、堵塞、断裂等）
几何量	长度、厚度、角度、直径、间距、形状、平行度、同轴度、粗糙度、硬度、材料缺陷等	电工量（电量）	电压、电流、功率、电阻、阻抗、频率、脉宽、相位、波形、频谱、磁场强度、电场强度、材料的磁性能等

你了解到的检测技术应用还有哪些？你还能写出哪些非电量？

四、自动检测系统的组成

非电量的检测多采用电测法，即首先将各种非电量转变为电量，然后经过一系列的处理，将非电量参数显示出来，如图 0-6 所示。读者可以通过类比人体的信息反应系统来了解自动检测系统对信息的处理过程。

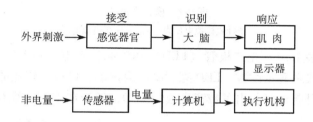

图 0-6　人体信息接受过程框图与自动检测系统框图比较

图 0-6 中有几个术语是第一次见到，能不能逐一解释一下？

在产品说明书、科技论文中，利用框图可以较简明、清晰地说明系统的构成及工作原理。

1. 系统框图

所谓**系统框图**，就是将系统中的主要功能或电路的名称画在方框内，按信号的流程，将几个方框用箭头联系起来，有时还可以在箭头上方标出信号的名称。

2. 传感器

人有视觉、听觉、嗅觉、味觉、触觉等 5 种以上的感觉器官。传感器能够再现人的五官，并且具有更强的反应功能。在本教材中，**传感器是指一种能将被测的非电量变换成电量的器件**。

3. 显示器的分类

目前常用的显示器有 3 类：**模拟显示**、**数字显示**、**图像显示**等。模拟量是指连续变化量。模拟显示是利用指针对标尺的相对位置来显示读数的。常见的有指针式、光柱式等，这两种形式的模拟电压表如图 0-7 所示。

a)   b)

图 0-7   模拟电压表

a）指针式模拟电压表　b）光柱式模拟电压表

数字显示目前多采用发光二极管（LED）和液晶显示器（LCD）等，如图 0-8 所示。它们都以数字的形式来显示读数。LED 亮度高、耐振动、可适应较宽的温度范围；LCD 耗电少、集成度高。目前还研制出了带背光板的 LCD，便于在夜间观看 LCD 的内容。

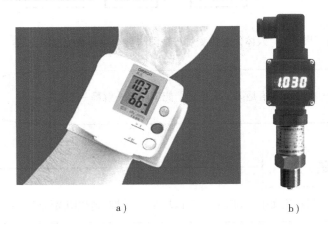

a）   b）

图 0-8   数字显示

a）电子血压计的 LCD 显示　b）压力表的 LED 显示

  想 一 想

出租车计价器的数码显示器应该使用 LED 显示器还是 LCD 显示器？

图像显示是用显像管显示器（CRT）或彩色 LCD 来显示读数或被测参数的变化曲线，有时还可用彩色图表等形式来反映整个生产线上的多组数据。无纸记录仪的图像显示如图 0-9 所示。

4. 执行机构

所谓**执行机构**通常是指各种继电器、电磁铁、电磁阀、电磁调节阀、伺服电动机等，它们在电路中是起通断、控制、调节、保护等作用的电器设备。许多检测系统能输出与被测量有关的电流或电压信号，作为自动控制系统的控制信号，去驱动这些执行机构。继电器和电磁阀的外形分别如图 0-10、图 0-11 所示。

图 0-9　无纸记录仪的图像显示　　　　图 0-10　继电器　　　　图 0-11　电磁阀

1—线圈　2—铁心

3—动触点　4—动断触点（常闭触点）

5—动合触点（常开触点）　6—安全试验标记

能不能举一个检测系统的具体例子?

图 0-12 所示的自动磨削控制系统就是自动检测的一个典型例子。图中的传感器快速检测工件的直径参数 D。计算机快速地对直径参数做运算、比较、判断等一系列工作，然后将有关参数送到显示器显示出来，另一方面发出控制信号，控制研磨盘的径向位移 x，直到工件被磨削到规定的直径为止。

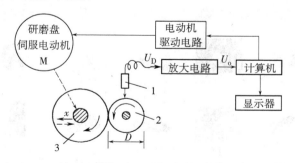

图 0-12　自动磨削控制系统

1—传感器　2—被研磨工件　3—研磨盘

五、本课程的任务和学习方法

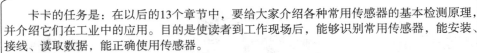

卡卡的任务是：在以后的13个章节中，要给大家介绍各种常用传感器的基本检测原理，并介绍它们在工业中的应用。目的是使读者到工作现场后，能够识别常用传感器，能安装、接线、读取数据，能正确使用传感器。

本课程涉及的学科面广，需要有较广泛的基础和专业知识。学好这门课程的关键在于理论联系实际，要仔细观察周围的各种机械、电气等设备，重视实验和实训，这样才能学得活、学得好，才有利于提高今后解决实际问题的能力。

怎样巩固学过的知识？怎样获得新知识？

本书各章均附有思考题与习题，引导读者循序渐进地掌握检测技术的基本概念，提高实际应用能力。读者可根据自身的专业方向选做其中的一部分。对本书中的分析、思考题，可利用讨论课的方式来学习和掌握。读者还应当掌握上网查阅资料的技巧，有利于读者掌握新器件、新技术。利用"百度"搜索引擎查找"压力传感器"图片的结果如图0-13所示，在"谷歌"网站上搜索到的传感器技术资料如图0-14所示。

图 0-13　"百度"搜索"压力传感器"图片的页面

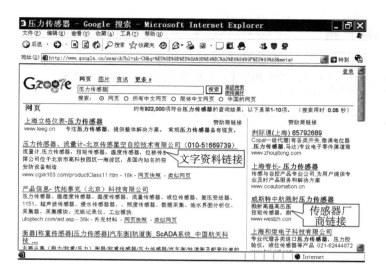

图 0-14　"谷歌"搜索"压力传感器"资料的页面

由于传感器的品种繁多，检测技术的实践性较强，建议传感器原理可对照实物来学习和理解。在开卷考试中，学生可以翻阅有关的书籍资料，以及作业和笔记，从而模拟工业现场解决实际问题的场景，培养学生查阅资料，解决实际问题的能力。

在学习过程中，还可以登录与本书配套的 www. liangsen. net 教辅网站（梁老师答疑网），可在网站 BBS 上与版主进行讨论或下载有关的专业资料。"梁老师答疑网"也可以通过"百度"或"谷歌"搜索引擎找到，主页如图 0-15 所示。

图 0-15　梁老师答疑网主页

搜 一 搜

请到网上分别搜一搜工业中常用热工量传感器（例如：温度t、压力p、流量q以及液位h等）的品种及外形。

第一章 检测技术的基本概念

在这一章里，卡卡给大家讲一讲测量的方法有哪些；测量误差有哪些；如何克服误差。卡卡还将与大家一起来学习如何读懂传感器的"特性参数表"。

第一节 测量的分类

1. 静态测量和动态测量

根据被测量是否随时间变化，可分为静态测量和动态测量。

例如，用激光干涉仪对建筑物的缓慢沉降作长期监测就属于静态测量；又如，用光导纤维陀螺仪测量火箭的飞行方向就属于动态测量。

2. 直接测量和间接测量

根据测量手段的不同，可分为直接测量和间接测量。

用仪表直接读取被测量的测量结果称为直接测量。例如，用磁电式仪表测量电流、电压；用光电池测量课桌的照度等。

间接测量必须经过计算求得被测量。例如，利用浮力法测量比重等。图 1-1 和图 1-2 所示分别为直接测量和间接测量的示例。

图 1-1 用游标卡尺直接测量工件的直径

图 1-2 阿基米德测量比重的构想

3. 接触式测量和非接触式测量

根据测量时是否与被测对象接触，可分为接触式测量和非接触式测量。

例如，用多普勒超声测速仪测量汽车是否超速和用红外线辐射测温均属于非接触式测量。非接触式测量不影响被测对象的运行工况，是未来检测技术的发展趋势。利用红外线辐射测量供电变压器的表面温度如图 1-3 所示。

图 1-3　利用红外线辐射测量
供电变压器的表面温度

4．在线测量和离线测量

为监视生产流程或监测在生产流水线上的产品质量，在生产过程中所进行的测量称为**在线测量**；反之，则称为**离线测量**。

例如，现代自动化机床均采用边加工、边测量的方式，就属于在线测量，它能实时检测加工质量，保证产品质量的一致性。离线测量（例如图 1-1 的直径测量）虽然能检测出产品的合格与否，但无法实时监控生产质量。

第二节　测量误差及分类

测量值与真实值之间的误差称为测量误差。测量误差分为绝对误差和相对误差。

1．绝对误差

绝对误差 Δ 是指测量值 A_x 与真实值 A_0 之间的差值，即

$$\Delta = A_x - A_0 \tag{1-1}$$

2．相对误差

相对误差用百分比的形式来表示，一般多取正值。相对误差又有示值（标称）相对误差和引用误差之分。

（1）示值相对误差 γ_x 用绝对误差 Δ 与被测量 A_x 的百分比来表示，即

$$\gamma_x = \frac{\Delta}{A_x} \times 100\% \tag{1-2}$$

（2）引用误差 γ_m 有时也称满度相对误差。它用绝对误差 Δ 与仪器满度值 A_m 的百分比来表示的，即

$$\gamma_m = \frac{\Delta}{A_m} \times 100\% \tag{1-3}$$

3．准确度等级

式（1-3）中，当 Δ 取仪表的最大绝对误差值 Δ_m 时，常用引用误差来表示仪表的准确度等级 S，即

$$S = \left| \frac{\Delta_m}{A_m} \right| \times 100 \tag{1-4}$$

根据给出的准确度等级 S 及满度值 A_m，可以推算出该仪表可能出现的最大绝对误差 Δ_m、示值相对误差等。

我国的模拟仪表通常分 7 个等级，如表 1-1 所示。我们可以从仪表的使用说明书上或

想一想

有人说：准确度等级的数值越小，仪表就越昂贵，对吗？

小贴士

仪表的准确度在工程中也常称为"精度"，准确度等级习惯上称为精度等级。

仪表面板上得出仪表的准确度等级。从图 1-4 所示的电压表右侧，我们可以看到该仪表的准确度等级为 2.5 级，它表示对应仪表的引用误差不超过 2.5%。

表 1-1　仪表的准确度等级和基本误差

准确度等级	0.1	0.2	0.5	1.0	1.5	2.5	5.0
基本误差	±0.1%	±0.2%	±0.5%	±1.0%	±1.5%	±2.5%	±5.0%

图 1-4　从电压表上读取系统误差和准确度等级

算一算

1. 已知被测电压的准确值为 220V，请观察并计算图 1-4 所示的电压表上的准确度等级 S、满度值 A_m、最大绝对误差 Δ_m、示值 A_x、与 220V 正确值的误差 Δ、示值相对误差 γ_x 以及引用误差 γ_m。

2. 示值相对误差有没有可能小于引用误差？在仪表绝对误差不变的情况下，被测电压降为 22V，示值相对误差 γ_x 将变大了，还是变小了？

卡卡算出来了：

1. 准确度等级 S=2.5级，满度值 A_m=300V。

最大绝对误差 Δ_m=300V×2.5÷100=7.5V，示值 γ_x=230V。

与220V正确值的误差 Δ=10V，示值相对误差 γ_x=4.3%。

引用误差 γ_m=（10/300）×100%=3.3%。

2. 若绝对误差 Δ 仍为10V，当示值 γ_x 为22V，示值相对误差 γ_x=（10/22）×100%=45%。与测量220V时相比，示值相对误差大多啦！

一般地说，无论被测值多少，仪表的绝对误差变化均不大。当示值 A_x 比满度值小许多时，式（1-2）的分母变小，示值相对误差 γ_x 就变得大多了！因此，我们在选择测量仪表的量程时，通常希望示值落在仪表满度值的 2/3 以上。

卡卡再给大家谈谈根据误差产生的原因以及分类。

1. 粗大误差

明显偏离真值的误差称为**粗大误差**。粗大误差主要是由于测量人员的粗心大意及电子测量仪器受到突然且强大的干扰而引起的。如测错、读错、记错、外界过电压尖峰干扰等造成的误差。

就数值大小而言，粗大误差明显超过正常条件下的误差。当发现粗大误差时，应予以**剔除**。

2. 系统误差

凡误差的数值固定或按一定规律变化的，均属于**系统误差**。例如，环境温度波动、湿度波动、电源电压下降、电子元件老化、机械零件变形移位、仪表零点漂移等引起的误差。又如，用零点未调整好的天平称量物体，称量结果会比真实值偏高或偏低。

在图 1-4 中，由于没有仔细调整仪表的指针零位，所以每次测量时总会产生 3V 左右的系统误差（偏小）。

想一想

系统误差是有规律性的，因此可以通过计算修正，也可以重新调整测量仪表的有关部件，使系统误差尽量减小。在图1-4中，如何使系统误差减小，使指针回复零位？

3. 随机误差

在同一条件下，多次测量同一被测量，有时会发现测量值时大时小，误差的绝对值及正、负以不可预见的方式变化，该误差称为**随机误差**。

随机误差是测量过程中许多独立的、微小的、偶然的因素引起的综合结果。

存在随机误差的测量结果中，利用概率论的理论，通过增加测量次数，可以减小随机误差。例如，对测量结果进行算术平均值处理。

算一算

图 1-5 所示为用超声波测距仪多次测量两座大楼之间距离的统计数据。由于空气的抖动、气温的变化、仪器受到电磁波干扰等原因，即使用精度很高的测距仪去测量，也会发现测量值时大时小，而且无法预知下一时刻的干扰情况。如果先将图1-5中的粗大误差剔除，再将多次测量值取算术平均值，试算出两座大楼之间的距离为多少米?

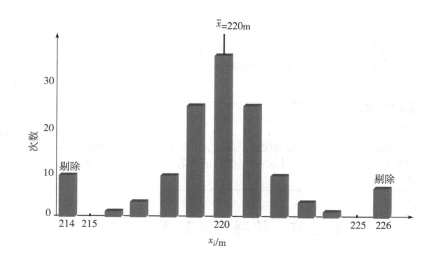

图 1-5　用超声波测距仪多次测量两座大楼之间距离的统计数据

测量结果类似于图 1-5 所示分布规律的例子很多，例如某校男生的身高的分布，交流电源相电压的波动，以及用激光测量某桥梁长度等。

根据测量的静态特性和动态特性，可将误差分为静态误差和动态误差。

1. 静态误差

在被测量不随时间变化时所产生的误差称为**静态误差**。我们前面讨论的误差多属于静态误差。

2. 动态误差

当被测量随时间迅速变化时，系统的输出量在时间上不能与被测量的变化精确吻合，这种误差称为**动态误差**。例如，被测水温以很快的速度上升到 100℃，玻璃水银温度计的水银柱不可能立即上升到 100℃。如果此时就记录读数，必然产生误差。

用笔式记录仪记录心电图时，由于记录笔有一定的惯性，所以记录的结果在时间上滞后于心跳的变化，有可能记录不到特别尖锐的窄脉冲。用不同品质的心电图仪测量同一个人的心电图时的曲线如图 1-6 所示。

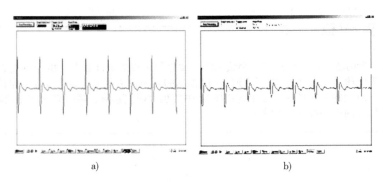

a) b)

图 1-6 用不同品质的心电图仪测量同一个人的心电图时的曲线

a）动态误差较小的心电图仪测量结果 b）动态误差较大的心电图仪测量结果

想一想

对用于动态测量、带有机械结构的仪表而言，为了尽可能真实地反映被测量的迅速变化（例如人的心电跳动），机械结构（例如记录笔）应细一点好，还是粗一点好？为什么？

第三节 传感器及其基本特性

一、传感器的组成

传感器由敏感元件、传感元件及测量转换电路 3 部分组成，如图 1-7 所示。图 1-8 所示为能够将压力转换成位移的敏感元件——弹簧管。

图 1-7 传感器组成框图

图 1-8 弹簧管的工作原理示意图

测量压力的传感器还有电位器式压力传感器，其示意图如图1-9所示。当被测压力 p 增大时，弹簧管撑直，通过齿条带动齿轮转动，从而带动电位器的电刷产生角位移。电位器电阻的变化量反映了被测压力 p 的变化。

在这个传感器中，弹簧管为敏感元件，它将压力转换成角位移 α。电位器为传感元件，它将角位移转换为电参量——电阻的变化（ΔR）。

当电位器的两端加上电源后，电位器就组成**分压比电路**，滑动臂输出电压 U_o 与被测压力成确定关系。在这个例子中，电位器又属于分压比式测量转换电路。

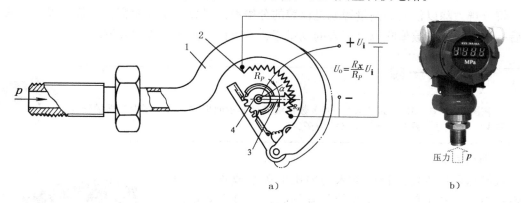

图1-9　电位器式压力传感器

a）原理示意图　b）外形图

1—弹簧管（敏感元件）　2—电位器（传感元件、测量转换电路）

3—电刷　4—传动机构（齿轮—齿条）

结合上述原理及图1-7，可画出的电位器式压力传感器原理框图如图1-10所示。

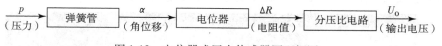

图1-10　电位器式压力传感器原理框图

二、传感器的基本特性

传感器的特性很多，卡卡简单地给大家介绍几种常用的特性，如：灵敏度、分辨力、分辨率、线性度、稳定性、EMC以及可靠性等。

1. 灵敏度

灵敏度是指传感器在稳定状态下，输出变化值 Δy 与输入变化值 Δx 之比，用 K 来表示，即

$$K = \frac{\Delta y}{\Delta x} \qquad (1-5)$$

对线性传感器而言，灵敏度为一常数；对非线性传感器而言，灵敏度随输入量的变化而变化。从传感器的输出曲线上看，曲线越陡灵敏度越高。

2. 分辨力

分辨力是指传感器能检出被测信号的最小变化量。当被测量的变化小于分辨力时，传感器对输入量的变化无任何反应。对数字仪表而言，如果没有其他附加说明，一般可以认为该表的最后一位所表示的数值就是它的分辨力。

3. 分辨率

将分辨力除以仪表的满量程就是仪表的**分辨率**。对数字仪表而言，一般可以将该表的最后一位所代表的数值除以该仪表的满量程，就可以得到该仪表的分辨率。

想一想

在图 1-11 中，3位（最大显示999）数字液位计显示面板的示值是多少？满量程是多少？分辨力是多少？分辨率又约为多少？

4. 线性关系

人们总是希望传感器的输入与输出的关系成正比，即**线性关系**。这样可使显示仪表的刻度均匀，在整个测量范围内具有相同的灵敏度。

图 1-11 数字液位计显示面板

5. 迟滞现象

迟滞是指传感器正向特性和反向特性的不一致程度，用计算机逐点测量得到的某传感器迟滞特性示意图如图1-12所示。迟滞会使传感器的重复性、分辨力变差，或造成测

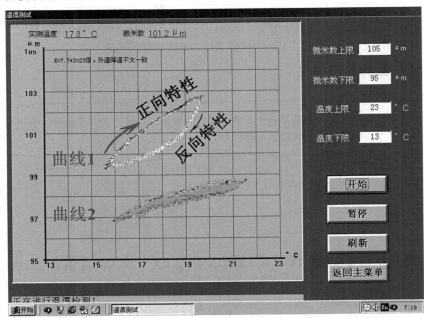

图 1-12 某传感器的迟滞特性示意图

量盲区，一般希望迟滞越小越好。

想一想

在图1-12中，曲线1的正、反向线性哪个好？曲线1和曲线2相比，哪个灵敏度高？

6. 稳定性

稳定性包括时间稳定度和环境影响量。

一般以仪表的示值变化量与时间的长短之比来表示**稳定度**。例如，某仪表输出电压值在8h内的最大变化量为1.2mV，则表示为1.2mV/8h。

环境影响量仅指由外界环境变化而引起的示值变化量。示值的变化由两个因素构成。一是**零漂**，二是**灵敏度漂移**。

造成环境影响量的因素有温度、湿度、气压、电源电压、电源频率等。

7. EMC

所谓**EMC**是指电磁兼容性，即电子设备在规定的电磁干扰环境中能正常工作，而且也不干扰其他设备的能力。具体的抗电磁干扰、提高电磁兼容能力的方法将在第十二章中介绍。

8. 可靠性

可靠性是反映传感器和检测系统在规定的条件下、在规定的时间内，是否耐用的一种综合性的质量指标。

常用的可靠性指标有故障平均间隔时间、平均修复时间和故障率（或失效率）λ。

故障率的变化大体上可分成3个阶段：

（1）初期失效期　产品在开始阶段的故障率很高，失效的可能性很大，但随着使用时间的增加而迅速降低。故障原因主要是设计或制造上有缺陷，所以应尽量在使用前期予以暴露并消除之。

有时为了加速渡过这一危险期，在检测系统通电的情况下，将之放置于高温环境→低温环境→高温环境……反复循环，这称为**老化试验**。老化之后的系统在现场使用时，故障率大为降低。老化实验台外形如图1-13所示。

（2）偶然失效期　这期间的故障率较低，是构成检测系统使用寿命的主要部分。

（3）衰老失效期　这期间的故障率随时间的增加而迅速增大，经常损坏和维修。原因是元器件老化，随时都有可能损坏。因此有的使用单位规定系统超过使用寿命时，即使还未发生故障也应及时退役，以免造成更大的损失。

上述3个阶段可用图1-14所示的故障率变化曲线来说明。它形如一个浴盆，故称浴盆曲线。

图1-13　老化实验台外形

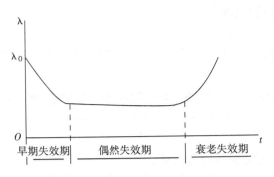

图 1-14 故障率变化曲线

想一想

某振动传感器的产品说明书如表1-2所示，该传感器共有几个参数？主要参数是哪几个？灵敏度怎么看？

表 1-2 EMT220 袖珍式测振仪技术参数

传感器名称		一体式环形剪切型加速度传感器
测量范围	加速度 $a/(m/s^2)$	0.1 ~ 199.9（峰值）
	速度 $v/(mm/s)$	0.01 ~ 199.9（真有效值）
	位移 x/mm	0.001 ~ 1.999（峰—峰值）
信号输出/V		交流2峰值（满量程）
测振频率范围/Hz		10 ~ 1000
测量精度		加速度：1% ±2个字，速度：2.5% ±1个字，位移：2.5% ±1个字
线性度（%）		2
显示方式		三位半背光液晶数字显示
保持特性		测量值自动保持数据保持功能，40s自动关机
存储功能		可存储25 ×62个测量结果及25幅频谱图
预热时间/min		1
使用温度范围/℃		0 ~ 200
储藏温度/℃		− 20 ~ 55
电源		9V 叠层电池1节，可连续使用25h
体积/mm		185 ×68 ×30
重量/g		200
型号尾注		A：一体式 B：分体式 N：通用型（10Hz）L：低频型（5Hz）
测振仪基本配置		主机 + 传感器 + 磁性吸座
其他功能		本仪器与微机记录仪配套时，能绘制实时频谱图；当被测量值超过报警值时，自动报警
可选件		上位机软件1套，打印机1台，磁性吸座1个，探针组件1个，长探针1个

小知识

1. 表 1-2 中，加速度 a 的灵敏度 $K_a = 2V/（199.9 m/s^2）\approx 0.01 V/(m/s^2)$；

2. "测量精度"就是测量准确度。在国家标准和学术论文中，必须严格使用准确度这一表述；但是在产品说明书中，有时也使用"精度"这一提法。

3. "三位半背光液晶数字显示"中的"三位半"是指数码显示的最大数值为"1999"（小数点可以任意设置），"背光"是指液晶屏的背面制作有发光二极管的背光板，可供晚上读取数据。"三位半"表也常写成"$3\frac{1}{2}$ 位"表。

4. 测量精度指标中的"1%±1个字"所产生的误差称为"±1误差"，数码管的最后一个字只表示分辨力，最后1个字所表示的读数是不可信的。

5. 该仪表加速度 a 的分辨力为 $0.1 m/s^2$。

在第一章里，主要给大家讲解了测量方法、测量误差和传感器特性。本章的难点是读产品特性参数表和依据准确度等级计算最大绝对误差和示值相对误差。

现在让我们来做一些需要对照课本、动脑筋分析的思考题与习题，还有一些工作岗位必须的简单计算，大家试试看，能不能独立完成？

思考题与习题

1. 单项选择题

（1）某采购员分别在 3 家商店购买 100kg 大米、10kg 苹果、1kg 巧克力，发现均缺少约 0.5kg，但该采购员对卖巧克力的商店意见最大，在这个例子中，产生此心理作用的主要因素是_____。

A. 绝对误差　　　　B. 示值相对误差　　　　C. 引用误差　　　　D. 准确度等级

（2）在选购线性仪表时，必须在同一系列的仪表中选择适当的量程。这时必须考虑到应尽量使选购的仪表量程为被测量的_____左右为宜。

A. 3 倍　　　　B. 10 倍　　　　C. 1.5 倍　　　　D. 0.75 倍

（3）用万用表直流电压档测量 5 号干电池电压，发现每次示值均为 1.8V，该误差属于_____。

A. 系统误差　　　　B. 粗大误差　　　　C. 随机误差　　　　D. 动态误差

（4）重要场合使用的元器件或仪表，购入后需进行高、低温循环老化试验，其目的是为了_____。

A. 提高准确度　　　　　　　　　　B. 加速其衰老

C. 测试其各项性能指标　　　　　　D. 提早发现故障，提高可靠性

2. 各举出两个日常生活中的非电量电测的例子来说明下列测量方式。

1）静态测量；　　2）动态测量；　　3）直接测量；　　4）间接测量；

5）接触式测量；　　6）非接触式测量；　　7）在线测量；　　8）离线测量。

3. 有一温度计，它的测量范围为 0 ~ 200℃，准确度等级为 0.5 级，求：

1）该表可能出现的最大绝对误差。

2）当示值为 100℃ 时的示值相对误差。

4. 用一台 $3\frac{1}{2}$ 位（俗称三位半）、准确度等级为 0.5 级

图 1-15　数字式电子温度计面板示意图

（已包含最后一位数据跳动引起的 ±1 误差）的数字式电子温度计，来测量汽轮机高压蒸汽的温度，数字面板上显示出如图 1-15 所示的数值，求：

1）分辨力及分辨率。

2）可能产生的最大满度相对误差和绝对误差。

3）被测温度的示值。

4）示值相对误差。

（提示：该"三位半"数字表的量程上限为 199.9℃，下限为 0℃）

5. 射击弹着点示意图如图 1-16 所示，请分别说出图 1-16a、b、c 各包含什么误差，如何克服？

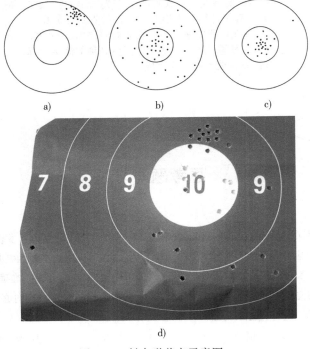

a)　　　　　　　　b)　　　　　　　　c)

图 1-16　射击弹着点示意图

a)、b)、c)　包含各种误差的弹着点示意图　d) 靶纸

搜一搜

请上网查阅"数字万用表"的网页，写出其中一种的型号及各量程的误差。

第二章　电阻传感器

在这一章里，卡卡给大家介绍电阻传感器，例如：电位器、电阻应变片、测温热电阻、气敏电阻、湿敏电阻及磁敏电阻等。它们的基本原理都是将各种被测非电量的变化转换成电阻的变化量，然后通过对电阻变化量的测量，达到非电量电测的目的。

利用电阻传感器可以测量角位移、直线位移、应变、力、加速度、重量、转矩、温度、湿度、气体成分及浓度、磁场强度等。

第一节　电位器传感器

电位器是大家十分熟悉的三端电子器件，改变其滑动臂的位置，也就改变了电路的分压比。电位器有直线式和圆盘式之分，在非电量电测中，可分别用于测量直线位移 x 和角位移 α。

电子电路中使用的电位器性能较差，检测技术中使用的电位器传感器耐磨程度是普通电位器的数百倍甚至数千倍，温漂也小于万分之一。

一、外形及电路

电位器传感器外形及电路接线如图 2-1 和图 2-2 所示，WDJ22—5 型直线式电位器的技

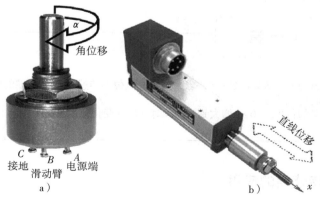

图 2-1　电位器传感器

a）圆盘式　b）直线式

术指标如表2-1所示。

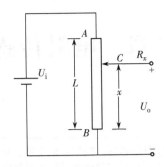

图 2-2　直线式电位器传感器的测量转换电路（分压比电路）

图 2-2 中的电位器输出电压 U_o 与滑动臂的直线位移成正比，即

$$U_o = \frac{x}{L} U_i \qquad\qquad (2\text{-}1)$$

对圆盘式来说，U_o 与滑动臂的旋转角度成正比：

$$U_o = \frac{\alpha}{360} U_i \qquad\qquad (2\text{-}2)$$

表 2-1　WDJ22—5 型直线式电位器的技术指标

参　　数	指　　标	参　　数	指　　标
阻值	5kΩ	温度系数	$\pm 500 \times 10^{-6}/℃$ [①]
阻值偏差	±5%	绝缘电阻	>5MΩ，DC·500V/1min
允许功耗	0.2W/70℃	耐压强度	AC·500V/1min
有效行程	400mm	使用温度	−40 ~125℃
精度	0.5%	起动力矩	<0.098N
线性度	0.05%	寿命	3000 万次
平滑性	≤1%		

① 在工业中，10^{-6} 也可计为 1ppm。

算一算

　　设电位器的型号为WDJ22—5，当施加在该电位器传感器A、B两端的电压为12V时，流过电位器的电流为多少？
　　当滑动臂的行程x从0mm增大到200mm时，U_o 的变化范围为多少？

二、电位器传感器的应用

　　电位器传感器多用于直线行程、角度控制、张力测量以及在各种伺服系统中作为位置反馈元件。

在纺织、印染、塑料薄膜、纸张等生产过程中，均需要测量它们在卷曲过程中的张力并加以控制。图 2-3 是布料张力测量及控制的原理示意图。

卷取辊在伺服电动机的驱动下，将成品（例如布料）顺时针卷成筒状。如果卷取力（张力）太大或太小（与卷取速度有关）均影响成品质量。在图 2-3 中，张力辊由于受到砝码重力，而将棉织品往下拉伸，向下的拉力与张力 F 成正比。当张力变化时，张力辊将上下移动，摆动杆带动摆动轮产生角位移 α，带动圆盘式电位器的转轴旋转。电位器的输出电压 U_F 与 α 及棉织品的张力 F 成正比。U_F 控制驱动卷取辊的伺服电动机，使卷取辊的旋转速度满足恒张力的要求。电位器传感器在这个闭环系统中起负反馈的作用。

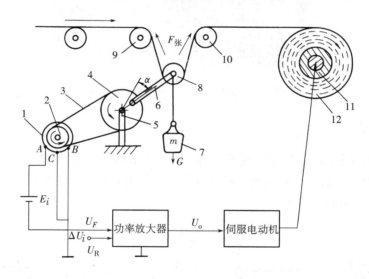

图 2-3 布料张力测量及控制原理

1—电位器角位移传感器 2—从动轮 3—同步齿形带 4—摆动轮 5—支架
6—摆动杆 7—砝码 8—张力辊 9、10—传动辊 11—卷取辊 12—布料

第二节　电阻应变传感器

我们先来做一个实验。当我们用力拉电阻丝时，电阻丝的长度略有增加，直径略有减小，从而导致电阻值R变大。在这个实验中，电阻丝的阻值从初始状态的10.00Ω增大到10.05Ω，如图2-4所示。

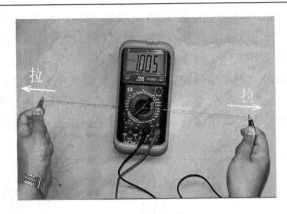

图2-4　电阻丝在拉力作用下阻值增大

一、应变效应

电阻丝应变片如图2-5所示。图中l称为应变片的标距或工作基长，b称为应变片基宽。$b \times l$为应变片的有效使用面积。应变片规格一般用有效使用面积以及初始电阻值来表示，如（3×10）mm^2、120Ω。

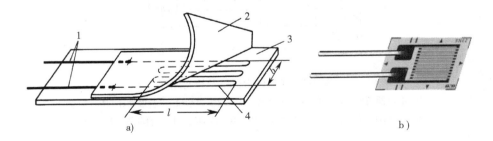

图2-5　电阻丝应变片

a）金属电阻丝式应变片结构　b）箔式应变片外形

1—引出线　2—覆盖层　3—基底　4—电阻丝

用应变片测试应变时，将应变片粘贴在试件表面。当试件受力变形后，应变片上的电阻丝也随之变形，从而使应变片电阻值发生变化，通过转换电路最终转换成电压的变化。

导体或半导体材料在外界力的作用下，会产生机械变形，其电阻值也将随着发生变化，这种现象称为应变效应。

在工业中，将试材受力后所产生的长度相对变化量 $\varepsilon_x = \Delta l/l$，称为纵向应变。

二、应变片的种类与特性

应变片可分为金属应变片及半导体应变片两大类。半导体应变片的灵敏度比金属应变片高几十倍，但一致性差、温漂大、电阻与应变间非线性严重，必须考虑温度补偿。表2-2列出了上海华东电子仪器厂生产的一些应变片的主要技术参数，图2-6为应变片的粘贴过程。

表2-2 应变片主要技术指标

参 数 名 称	电阻值/Ω	灵 敏 度	电阻温度系数/（1/℃)	极限工作温度/℃	最大工作电流/mA
PZ—120 型	120	1.9～2.1	20×10^{-6}	−10～40	20
PJ—120 型	120	1.9～2.1	20×10^{-6}	−10～40	20
BX—200 型	200	1.9～2.2	—	−30～60	25
BA—120 型	120	1.9～2.2	—	−30～200	25
BB—350 型	350	1.9～2.2	—	−30～170	25
PBD—1K 型	1000（1±10%）	140（1±5%）	<0.4%	40	15
PBD—120 型	120（1±10%）	120（1±5%）	<0.2%	40	20

想一想

表2-2中，哪几种型号属于半导体应变片？为什么？

a) b)

图2-6 应变片的粘贴

a）在混凝土圆柱表面粘贴应变片，测量圆柱抗侧弯技术指标 b）引线的固定

粘贴应变片之前，必须将试件表面处理干净，再涂一层薄而均匀的专用胶水。然后在应变片上盖一张聚乙烯塑料薄膜，并加压，将多余的胶水和气泡排出。固化后检查合格与否，并焊接引出线，最后用柔软胶合物适当地加以固定。

三、测量转换电路

金属应变片的电阻变化范围很小，如果直接用欧姆表测量其电阻值的变化将十分困难，且误差很大，所以多使用不平衡电桥来测量这一微小的变化量，将电阻的变化转换为输出电压 U_o。

不平衡电桥测量转换电路如图 2-7a 所示。电桥的一个对角线节点接入电源电压 U_i，另一个对角线节点为输出电压 U_o。

回顾一下

为了使电桥在测量前的输出电压为零，应该选择四个桥臂电阻，使 $R_1 R_3 = R_2 R_4$ 或 $R_1/R_2 = R_4/R_3$，这就是电工学中学过的电桥平衡条件。

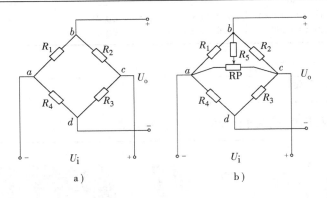

a)   b)

图 2-7　桥式测量转换电路

a）基本应变桥路　b）桥路的调零原理

根据不同的要求，应变电桥有 3 种不同的工作方式。

1）单臂半桥工作方式（R_1 为应变片，R_2、R_3、R_4 为固定电阻，$\Delta R_2 = \Delta R_3 = \Delta R_4 = 0$）；

2）双臂半桥工作方式（R_1、R_2 为应变片，R_3、R_4 为固定电阻，$\Delta R_3 = \Delta R_4 = 0$）；

3）全桥工作方式（电桥的 4 个桥臂都为应变片）。

上述 3 种工作方式中，全桥四臂工作方式的灵敏度最高，双臂半桥次之，单臂半桥灵敏度最低。

兴趣平台

实际使用中，R_1、R_2、R_3、R_4不可能严格地成比例关系，所以即使在未受力时，桥路的输出也不一定能严格为零，因此必须设置调零电路，如图2-7b所示。调节RP，可以使电桥趋于平衡，U_o被预调到零位，这一过程称为调零。图中的R_5是用于减小调节范围的限流电阻。上述的调零方法在电子秤等仪器中被广泛使用。

四、应变效应的应用

1. 应变式力传感器

图2-8 所示为应变式力传感器的两种形式。

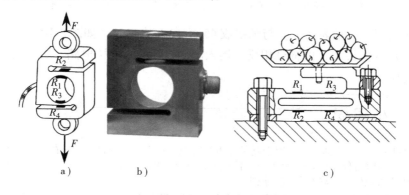

图 2-8 应变式测力传感器
a）环式 b）环式外形 c）悬臂梁式

小知识

悬臂梁是一端固定、一端自由的弹性敏感元件。悬臂梁多用于较小力的测量。常见的电子秤中就多采用悬臂梁来测量重量。

2. 应变式加速度传感器

应变式加速度传感器原理示意图如图 2-9 所示。传感器由质量块、弹性悬臂梁、应变片和基座组成。当被测物作水平加速度运动时，由于质量块的惯性（$F = -ma$）使悬臂梁发生弯曲变形，应变片检测出悬臂梁的应变量与加速度成正比。

3. 应变式扭矩（转矩）传感器

应变式扭矩传感器如图 2-10 所示。应变片粘贴在扭转轴的表面。

在扭矩 T 的作用下，扭转轴的表面将产

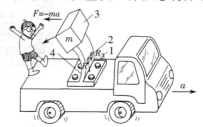

图 2-9 加速度传感器示意图
1—基座 2—应变片 3—质量块 4—弹性悬臂梁

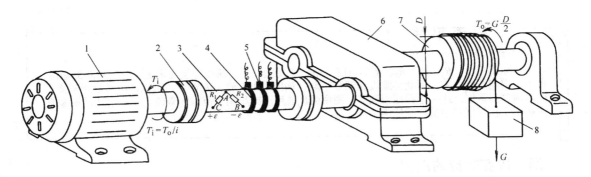

图 2-10　应变式扭矩测量传感器

1—电动机　2—联轴器　3—扭转轴　4—信号引出滑环　5—电刷　6—减速器

7—转鼓（卷扬机）　8—重物　T_i—输入转矩　T_o—输出转矩　i—减速比

生拉伸或压缩应变。在轴表面上，与轴线成45°方向上的应变（如图 2-10 中 AB 方向及 AC 方向上的应变）数值最大，但符号相反，接入图 2-7 所示的电桥电路，可以得到与扭矩成正比的输出电压。

小知识

图 2-10 中的扭转轴是专门用于测量力矩和转矩的弹性敏感元件。力矩的单位是N·m，在小力矩测量时也使用mN·m为单位。使机械部件转动的力矩称为"转矩"。使机械旋转部件转动的力矩称为"转矩"或"扭矩"。

4. 应变式荷重传感器

测力或荷重（称重）的传感器很大一部分采用应变式**荷重传感器**。荷重传感器如图 2-11所示，它的输出电压 U_o 正比于荷重 F。

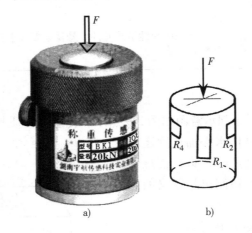

图 2-11　荷重传感器结构示意图

a）外形图　b）应变片在承重等截面圆柱上的粘贴位置

图 2-12a 所示为荷重传感器用于测量汽车质量（重量）的汽车衡的示意图。这种汽车衡便于在称重现场和控制室让驾驶员和计量员同时了解测量结果，并打印数据。

图 2-12b 所示为荷重传感器用于测量液体质量（液面）的液罐秤的示意图。计算机根据荷重传感器的测量结果，通过电动调节阀分别控制 A、B 储液罐的液位，并按一定的比例进行混合。

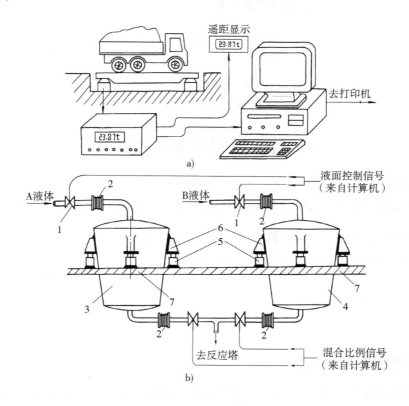

图 2-12　荷重传感器的应用

a）汽车衡　b）液罐称

1—电动比例调节阀　2—膨胀节　3—化学原料储液罐 A　4—化学原料储液罐 B
5—荷重传感器（每罐各 3~4 只）　6—支撑构件　7—支撑平台

5. 被测件表面的应变测量

图 2-13 所示为利用应变片测量人体骨盆和下肢受力并产生应变的示意图。它的研究为运动员训练、骨折预防和治疗提供了科学依据。试验前，将冷冻状态的正常成年人新鲜尸体骨盆去掉肌肉，清洗并用砂纸打磨之后，在图中的测试点上粘贴应变片，并接入配套仪器。试验时，将骨盆下端两股骨垂直置于试验机工作台上，压力施加于腰椎上。从应变仪的显示器上逐点、实时地读出其应变值，并自动描出应变曲线，直至骨盆或关节破坏为止。

上述测量方法还可以用于测量飞机、汽车、农具等应力集中处的应力、应变，以便确定材料的最佳厚度。试验结束后，可将应变片去除。

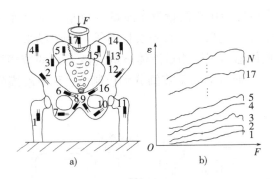

图 2-13 骨盆受力分布试验

a）贴片位置 b）多点实时应变曲线

第三节 测温热电阻传感器

　　测量温度的传感器很多，常用的有热电阻、热敏电阻、热电偶、PN结测温集成电路、红外辐射温度计等。

　　在这一节里，卡卡给大家介绍热电阻、热敏电阻及其应用。

一、热电阻原理及特性

　　金属丝的电阻随温度升高而增大，我们称其为**正温度系数**。热电阻正是利用这一特性来测量温度。目前较为广泛应用的热电阻材料是铂、铜。在铂、铜中，铂的性能最好，可制成标准温度计，适用温度范围为 −200 ~ +960℃。表 2-3 列出了铂、铜热电阻的主要技术性能参数。

表 2-3 热电阻的主要技术性能

材　　料	铂（WZP）	铜（WZC）
使用温度范围/℃	−200 ~ 960	−50 ~ 150
电阻率/$\Omega \cdot m \times 10^{-6}$	0.098 ~ 0.106	0.017
0 ~ 100℃间电阻温度系数 α（平均值）/℃$^{-1}$	0.00385	0.00428
化学稳定性	在氧化性介质中较稳定，不能在还原性介质中使用，尤其在高温情况下	超过100℃易氧化
特性	特性近于线性、性能稳定、准确度高	线性较好、价格低廉、体积大
应用	适于较高温度范围的测量，可作标准测温装置	适于无水分、无腐蚀性介质的温度测量

金属热电阻按其结构类型来分，有**装配式**、**隔爆式**、**铠装式**、**薄膜式**等。

1. 装配式热电阻

装配式热电阻由感温元件（金属电阻丝）、支架、引出线、保护套管及接线盒等基本部分组成。装配式铂热电阻的外形如图 2-14 所示，它广泛应用于工业现场测温。

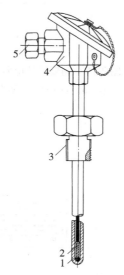

图 2-14 装配式热电阻

1—保护套管 2—感温元件 3—紧固螺栓 4—接线盒 5—引出线密封管

2. 隔爆式热电阻

在化工厂和其他生产现场，常伴随有各种易燃、易爆等化学气体、蒸气等，如果使用普通的装配式铂热电阻不安全，在这些场合必须使用**隔爆式热电阻**。

知识沙龙

隔爆式热电阻与装配式热电阻的主要区别是：隔爆式产品的接线盒和保护套管用高强度铝合金和厚不锈钢制作，壁厚和机械强度等均符合国家防爆标准。当接线盒内部的爆炸性混合气体发生爆炸时，其内压不会破坏接线盒和保护套管，也不能向外扩散（传爆）。典型的隔爆式热电阻的外形及防爆标志表示方法如图2-15所示。

电气设备可分为 I 类（煤矿井下用电气设备）、II 类（工厂用电气设备）。隔爆式热电阻的防爆等级按其适用于爆炸性气体混合物安全级别分为A、B、C三级。隔爆式热电阻的温度组别按其外露部分最高表面温度分为T1～T6六组，对应不同的温度。

3. 铠装式热电阻

铠装式热电阻柔软易弯，其外形及结构如图 2-16 所示，常用于狭窄、弯曲部分的测量。

4. 薄膜式热电阻

薄膜式铂热电阻如图 2-17 所示，其尺寸可以小到几平方毫米，可将其粘贴在被测高温物体上，测量局部温度，具有热容量小、反应快的特点。

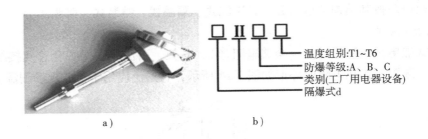

温度组别:T1~T6
防爆等级:A、B、C
类别(工厂用电器设备)
隔爆式d

图 2-15 隔爆式热电阻

a) 外形 b) 防爆标志表示方法

图 2-16 铠装式热电阻

1—接线盒 2—引出线密封管

3—法兰盘 4—柔性外套管 5—测温端部

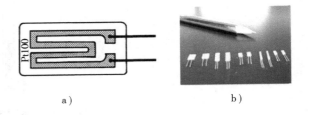

图 2-17 薄膜式铂热电阻

a) 内部示意图 b) 外形尺寸示意

> **小贴士**
>
> 工业用铂热电阻在0℃时的阻值R_0有25Ω、100Ω等,分度号分别用Pt25、Pt100等表示。薄膜式铂热电阻有100Ω、1000Ω等数种。

热电阻的阻值 R_t 与 t 之间并不完全呈线性关系。因此必须每隔 1℃ 测出铂热电阻和铜热电阻在规定的测温范围内的 R_t 与 t 之间的对应电阻值,并列成表格,这种表格称为**热电阻分度表**,见附录 B。

二、热电阻的测量转换电路

热电阻的测量转换电路多采用不平衡电桥,如图 2-18 所示。

图 2-18 中的 R_1 为热电阻,R_2、R_3、R_4 为锰铜电阻,它们的电阻温度系数十分小,属于固定电阻。当加上桥路电源 U_i 后,电桥即有相应的输出 U_o。电桥的调零须在 0℃ 的情况下进行。为了消除和减小引线电阻的影响,热电阻 R_1 通常采用三线制连接法。

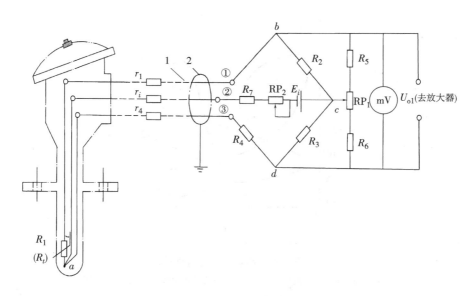

图 2-18　热电阻的三线制测量的转换电路
1—连接电缆　2—屏蔽层　RP$_1$—调零电位器　RP$_2$—调满度电位器

小贴士

　　接线时，热电阻R_t用三根导线①、②、③引至测温电桥。其中两根引线的内阻（r_1、r_4）分别串入测量电桥相邻两臂的R_1、R_4上，引线的长度变化以及引线电阻随温度变化不影响电桥的平衡。可通过调节RP$_2$来微调电桥的满量程输出电压。为了减小外电场、外磁场的干扰，最好采用三芯屏蔽线，并将屏蔽线的金属网状屏蔽层接大地。

三、热敏电阻

1. 热敏电阻的类型及特性

热敏电阻可分为负温度系数热敏电阻（NTC）和正温度系数热敏电阻（PTC）两大类。

所谓正温度系数是指电阻的变化趋势与温度的变化趋势相同；所谓负温度系数是指当温度上升时，电阻值反而下降的变化特性。

（1）NTC 热敏电阻　NTC 热敏电阻的标称阻值（25℃时）从零点几欧至几兆欧。

根据不同的用途，NTC 又可分为两大类：第一类为负指数型 NTC，用于测量温度，它的电阻值与温度之间呈负指数关系，如图 2-19 中的曲线 2 所示。在 – 30 ~ 100℃范围内，可用于空调、电热水器测温。第二类为突变型 NTC，又称**临界温度型（CTR）**。当温度上升到某临界点时，其电阻值突然下降，可用于各种电子电路中抑制浪涌电流。例如，在显像管的灯丝回路中串联一只 CTR，可减小上电时的冲击电流。负突变型热敏电阻的温度—电阻特性如图 2-19 中的曲线 1 所示。

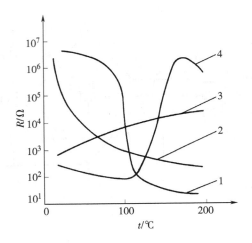

图 2-19　各种热敏电阻的特性曲线
1—突变型 NTC　2—负指数型 NTC　3—线性型 PTC　4—突变型 PTC

（2）PTC 热敏电阻　PTC 也分为线性型 PTC 和突变型 PTC 两类，其中突变型 PTC 的温度—电阻特性曲线呈非线性，如图 2-19 中的曲线 4 所示。它在电子线路中多起限流、保护作用。当 PTC 感受到的温度超过一定限度时，其电阻值突然增大。例如，电视机显像管的消磁线圈上就串联了一只 PTC 热敏电阻。

> ### 知识沙龙
>
> 　　大功率的PTC型陶瓷热电阻还可以用于电热暖风机等电热器具中。当块状PTC的温度达到设定值（例如210℃）时，PTC的阻值急剧上升，流过PTC的电流随之减小，暖风机吹出的暖风温度基本恒定于设定值上下，因此，提高了安全性。

热敏电阻可根据使用要求，封装加工成各种形状的探头，如圆片形、柱形、珠形、铠装型、薄膜型、厚膜型等，如图 2-20 所示。

2．热敏电阻的应用

热敏电阻具有尺寸小、响应速度快、灵敏度高等优点，因此它在许多领域得到广泛应用。

（1）热敏电阻测温　没有保护层的廉价热敏电阻只能应用在干燥的地方；密封的热敏电阻不怕湿气的侵蚀，可以使用在较恶劣的环境下。由于热敏电阻的阻值较大，故其连接导线的电阻和接触电阻可以忽略。

例如，在热敏电阻测量粮仓温度项目中，其引线可长达近千米。热敏电阻的测量电路多采用桥式电路，热敏电阻体温表原理图如图 2-21 所示。

电路必须先调零，再调满度，最后再验证刻度盘中其他各点的误差是否在允许范围内，上述过程称为标定。"调零"和"标定"的概念是作为检测技术人员必须掌握的最基本技术，必须在实践环节反复训练类似的调试基本功。

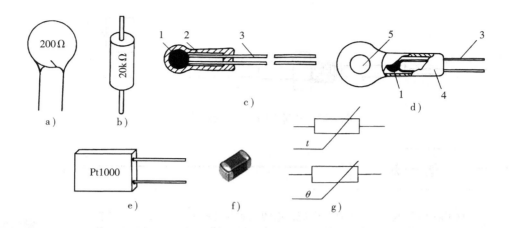

图 2-20　热敏电阻的外形、结构及符号

a）圆片形热敏电阻　b）柱形热敏电阻　c）珠形热敏电阻　d）铠装型热敏电阻

e）厚膜型热敏电阻　f）贴片式热敏电阻　g）图形符号

1—热敏电阻　2—玻璃外壳　3—引出线　4—纯铜外壳　5—传热安装孔

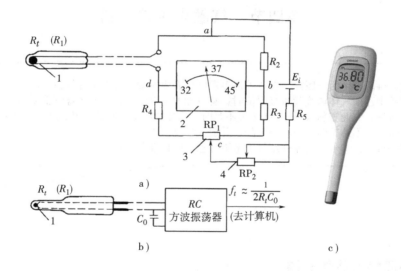

图 2-21　热敏电阻体温表原理及外形图

a）桥式电路　b）调频振荡器式电路　c）数字化实物外形

1—热敏电阻　2—指针式显示器　3—调零电位器　4—调满度电位器

（2）热敏电阻用于温度控制及过热保护　在电动机的定子绕组中嵌入突变型热敏电阻并与继电器串联。当电动机过载时定子电流增大，引起发热。当温度大于突变点时，电路中的电流可以由零点几毫安突变为几十毫安，因此继电器动作，从而实现过热保护。热敏电阻与继电器的接线图如图 2-22 所示。

热敏电阻在家用电器中用途也十分广泛，如空调与干燥器、电热水器、电烤箱温度控制等都用到热敏电阻。

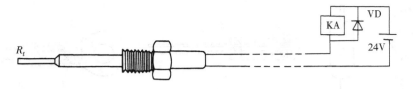

图 2-22　热敏电阻与继电器的接线图

想一想

给NTC热敏电阻施加一定的加热电流，它的表面温度将高于周围的空气或被测液体的温度，此时它的阻值较小。当液面高于它的安装高度时，液体将带走它的热量，使之温度下降、阻值升高。

能否利用这种原理，解决水箱的液面定位控制问题？请画出示意图来。

第四节　气敏电阻传感器

工业、科研、生活、医疗、农业等许多领域都需要测量环境中某些气体的成分、浓度。例如，煤矿中瓦斯气体浓度超过极限值时，有可能发生爆炸；家庭发生煤气泄漏时，可能发生悲剧性事件；农业塑料大棚中CO_2浓度不足时，农作物将减产；锅炉和汽车发动机汽缸燃烧过程中O_2含量不达标时，效率将下降，并造成环境污染。

在这一节里，卡卡给大家介绍气敏电阻传感器的特性及其典型应用。

一、还原性气体传感器

回顾一下

在我们以前学过的化学知识里，所谓还原性气体，就是在化学反应中能逸出电子，化学价升高的气体。还原性气体多数属于可燃性气体，例如石油蒸气、酒精蒸气、甲烷、煤气、天然气、氢气等。

测量还原性气体的气敏电阻属于 MQN 型，其结构、电路接线及外形如图 2-23 所示。

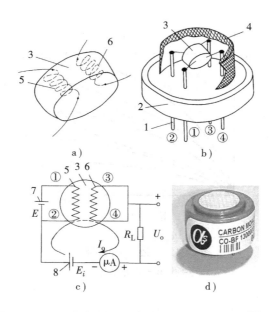

图 2-23　MQN 型气敏电阻结构、测量电路及外形

a）气敏烧结体　b）气敏电阻外形示意图　c）基本测量转换电路　d）产品外形

1—引脚　2—塑料底座　3—烧结体　4—不锈钢网罩　5—加热电极

6—工作电极　7—加热回路电源　8—测量回路电源

　　气敏电阻工作时必须加热到 $200 \sim 300℃$，其目的是加速被测气体的化学吸附过程并烧去气敏电阻表面的污物（起清洁作用）。还原性气体浓度越高，气敏电阻的阻值就越小。气敏电阻使用时应尽量避免置于油雾、灰尘环境中，以免老化。几种国产气敏电阻的主要特性如表 2-4 所示，某系列 MQN 气敏电阻对不同气体的灵敏度特性曲线如图 2-24 所示。

表 2-4　几种国产气敏电阻的主要特性

参数 ＼ 型号	UL—206	UL—282	UL—281	MQN—10
检测对象	烟雾	酒精蒸气	煤气	各种可燃性气体
测量回路电压/V	15 ± 1.5	15 ± 1.5	10 ± 1	10 ± 1
加热回路电压/V	5 ± 0.5	5 ± 0.5	清洗 $5.5 + 0.5$ 工作 $0.8 + 0.1$	5 ± 0.5
加热电流/mA	$160 \sim 180$	$160 \sim 180$	清洗 $170 \sim 190$ 工作 $25 \sim 35$	$160 \sim 180$
环境温度/℃	$-10 \sim 50$	$-10 \sim 50$	$-10 \sim 50$	$-20 \sim 50$
环境湿度/% RH	< 0.95	< 0.95	< 0.95	< 0.95

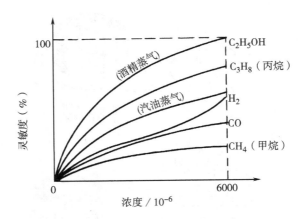

图 2-24　气敏电阻的灵敏度

注：10^{-6} 在实际生产中习惯上用 ppm 表示。

观察和分析

　　在图 2-24 中，气敏电阻在被测气体浓度较低时有较大的电阻变化，而当被测气体浓度较大时，其电阻率的变化逐渐趋缓，有较大的非线性。

　　这种特性较适用于气体的微量检漏、浓度检测或超限报警，被广泛用于煤炭、石油、化工、家居等各种领域。

二、二氧化钛氧浓度传感器

　　半导体材料二氧化钛（TiO_2）属于 N 型半导体，对氧气十分敏感。其电阻值的大小取决于周围环境的氧气浓度。

　　常用于汽车或燃烧炉排放气体中氧浓度检验。图 2-25 所示为 TiO_2 氧浓度传感器的结构、电路接线图。当氧气含量减小时，R_{TiO_2} 的阻值减小，U_o 增大。

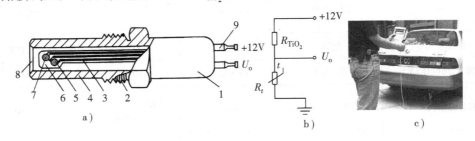

图 2-25　TiO_2 氧浓度传感器结构、测量转换电路及使用

a）结构　b）测量转换电路　c）外形

1—外壳（接地）　2—安装螺栓　3—搭铁线　4—保护管　5—补偿电阻

6—陶瓷片　7—TiO_2 氧敏电阻　8—进气口　9—引脚

第五节　湿敏电阻传感器

　　许多储物仓库在湿度超过某一程度时，物品易发生变质或霉变现象；居室的湿度希望适中；而纺织厂要求车间的相对湿度保持在60～70%RH；在农业生产中的温室育苗、食用菌培养、水果保鲜等都需要对相对湿度进行检测和控制。

　　湿度有绝对湿度和相对湿度之分。在这一节里，卡卡给大家介绍测量相对湿度的湿敏电阻传感器特性及其应用。

1. 金属氧化物—陶瓷湿度传感器

　　金属氧化物—陶瓷湿度传感器的外形如图2-26所示。它的气孔率高达25%以上，其接触空气的表面积很大，所以水蒸气极易被吸附于其孔隙之中，使其电阻率下降。当相对湿度从1%变化到95%时，其电阻率变化高达4个数量级左右，所以在测量电路中必须考虑采用对数压缩技术。其电阻与相对湿度关系曲线如图2-27所示，测量电路框图如图2-28所示。

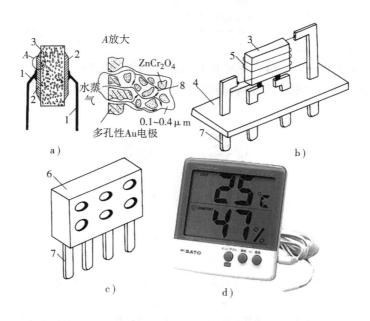

图 2-26　金属氧化物—陶瓷湿度传感器结构和外形

a）吸湿单元　b）卸去外壳后的结构　c）外形图示意图　d）带有液晶显示的便携式温湿度计

1—引线　2—多孔性电极　3—多孔陶瓷（ZnCr$_2$O$_4$）　4—底座

5—脱湿加热丝　6—外壳　7—引脚　8—气孔

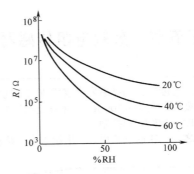

图 2-27　金属氧化物—陶瓷湿度传感器的相对湿度与电阻关系

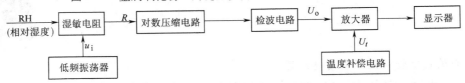

图 2-28　湿敏电阻传感器测量转换电路框图

知识沙龙

　　早期人们使用因吸水而变长的毛发湿度计以及因水分蒸发而温度降低的干湿球湿度计来测量湿度。现在，能将湿度变成电信号的传感器有红外线湿度计、微波湿度计、超声波湿度计、石英晶体振动式湿度计、湿敏电容湿度计、湿敏电阻湿度计等。

　　2. 金属氧化物膜型湿度传感器

　　将某些金属氧化物粉末涂覆在绝缘片的表面，金属氧化物粉末吸湿后导电性增加，电阻下降。图 2-29 所示为金属氧化物膜型湿度传感器外形及结构示意图。它的反应速度比多孔性陶瓷快。

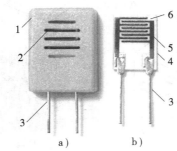

图 2-29　金属氧化物膜型湿度传感器外形及结构示意图

a）外形　b）结构

1—外壳　2—吸湿窗口　3—电极引线　4—陶瓷基片　5—梳状电极　6—金属氧化物感湿膜

小贴士

　　陶瓷湿敏电阻应采用交流供电（例如50Hz），以免产生极化现象和电解反应。

利用电阻值的变化可以测量多种非电量，用途也多种多样。本章的难点是读懂各种产品的特性指标、铭牌以及学会查热电阻分度表。

我们的习题都要求大家动脑筋，利用学过的知识，去分析工作岗位可能遇到的实际问题。想到课本中去找现成的答案是行不通的哦！

思考题与习题

1. 单项选择题

1）电子秤中所使用的应变片应选择_____应变片；为提高集成度，测量气体压力应选择_____；一次性、几百个应力试验测点应选择_____应变片。

A. 廉价的金属丝式   B. 高准确度的金属箔式

C. 半导体式   D. NTC 型

2）图 2-21 中的 R_t（热敏电阻）应选择_____热敏电阻，图 2-22 中的 R_t 应选择_____热敏电阻。

A. NTC 指数型   B. NTC 突变型   C. PTC 突变型

3）MQN 气敏电阻可测量_____的浓度，TiO_2 气敏电阻可测量_____的浓度。

A. CO   B. N_2

C. 气体打火机车间的有害气体   D. 锅炉烟道中剩余的氧气

4）湿敏电阻用交流电作为激励电源是为了_____。

A. 提高灵敏度   B. 防止产生极化、电解作用

C. 减小交流电桥平衡难度

5）在使用测谎器时，被测试人由于说谎、紧张而手心出汗，可用_____传感器来检测。

A. 应变片   B. 热敏电阻   C. 气敏电阻   D. 湿敏电阻

2. 有一如图 2-11 所示的荷重传感器，当桥路电压 U_i 为 12V、额定荷重时的输出电压 U_o 为 24mV 时，求：

1）观察图 2-11a 中荷重传感器的铭牌，其额定荷重（最大量程）为多少千牛（kN）？

2）当承载为 $10 \times 10^3 N$ 时的输出电压 U_o 为多少毫伏？

3）若在额定荷重时要得到 10V 的输出电压（去计算机），放大器的放大倍数应为多少倍？

3. Pt100 热电阻的阻值 R_t 与温度 t 的关系在 $0 \sim 100℃$ 范围内可用式 $R_t = R_0 (1 + \alpha t)$ 近似表示，求：

1）查表 2-3，写出铂金属的温度系数 α。

2）计算当温度为 50℃时的电阻值。

3）查附录 B（工业热电阻分度表），50℃时的电阻值为多少？

4）计算法的误差为多少？示值相对误差又为多少？

4. 气泡式水平仪结构如图 2-30 所示，密封的玻璃内充入导电液体，中间保留一个小气泡。玻璃管两

端各引出一根不锈钢电极。在玻璃管中间对称位置的下方引出一个不锈钢公共电极。请分析该水平仪的工作原理之后填空。

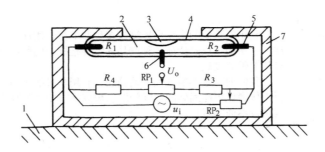

图 2-30　气泡式水平仪结构简图

1—被测平面　2—导电水柱　3—气泡　4—密封玻璃管

5—不锈钢电极　6—公共电极　7—外壳

1）当被测平面完全水平时，气泡应处于玻璃管的_____位置，左右两侧的不锈钢电极与公共电极之间的电阻 R_1、R_2 的阻值_____。如果希望此时电桥的输出电压 $U_o = 0$，则 R_1、R_2、R_3、R_4 应满足_____的条件。如果实际使用中，发现仍有微小的输出电压，则应调节_____，使 U_o 趋向于零。

2）当被测平面向左倾斜（左低右高）时，气泡漂向_____边，R_1 变_____，R_2 变_____，电桥失去平衡，U_o 增大。

3）U_i 应采用_____电源（直流/交流）。为什么？答：是为了防止引起_____反应（请参阅湿敏电阻原理）。

5. 图 2-31 所示为应变式水平仪的结构示意图。应变片 R_1、R_2、R_3、R_4 粘贴在悬臂梁上，悬臂梁的自由端安装一质量块，水平仪放置于被测平面上。请参考上题的分析步骤，写出该水平仪的工作原理。

答：_____。

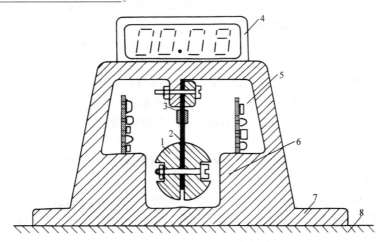

图 2-31　应变式水平仪结构示意图

1—质量块　2—悬臂梁　3—应变片　4—显示器　5—信号处理电路

6—限位器　7—外壳　8—被测平面

6. 图 2-32 所示为汽车进气管道中使用的热丝式气体流速（流量）仪的结构示意图。在通有干净且干燥气体、截面积为 A 的管道中部，安装有一根加热到 200℃ 左右的细铂丝 R_1。另一根相同长度的细铂丝安装在与管道相通、但不受气体流速影响的小室中，请分析填空。

1）当气体流速 $v = 0$ 时，R_1 的温度与 R_2 的温度_____，电桥处于_____状态。当气体介质自身的温度发生波动时，R_1 与 R_2 同时感受到此波动，电桥仍然处于_____状态，所以设置 R_2 是为了起到_____的作用。

2）当气体介质流动时，将带走 R_1 的热量，使 R_1 的温度变_____，电桥_____，毫伏表的示值与气体流速的大小成一定的函数关系。图中的 RP_1 称为_____电位器，RP_2 称为_____电位器。欲使毫伏表的读数增大，应将 RP_2 向_____（左/右）调。

3）设管道的截面积 $A = 0.01\text{m}^2$，气体流速 $v = 2\text{m/s}$，则通过该管道的气体的体积流量 $q_V = Av =$ _____m^3/s。

4）可以用_____（NTC/NPN）来代替图 2-32 中的铂丝。

5）将图 2-32 中的管道改为直径为 10mm 的工程塑料圆环，该仪器可以用于_____（风速/自来水流速）的测量。

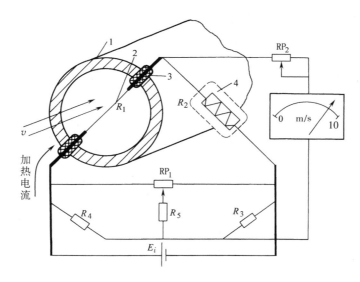

图 2-32　热丝式气体流速（流量）仪原理图

1—进气管　2—铂丝　3—支架　4—与管道相通的小室（连通管道未画出）

7. 图 2-33 所示为自动吸排油烟机电路原理框图，请分析填空。

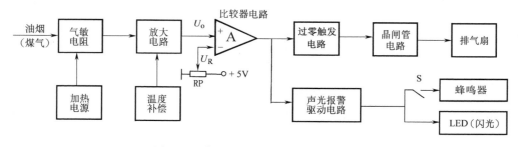

图 2-33　自动吸排油烟机电路原理框图

1）图2-33中的气敏电阻是_____类型，被测气体浓度越高，其电阻值就越_____。

2）气敏电阻必须使用加热电源的原因是_____，通常须将气敏电阻加热到_____℃左右。因此若使用电池为电源、作长期监测仪表使用时，电池的消耗较_____（大/小）。

3）当气温升高后，气敏电阻的灵敏度将_____（升高/降低），所以必须设置温度补偿电路，使电路的输出不随气温变化而变化。

4）该自动吸排油烟机使用无触点的晶闸管而不用继电器来控制排气扇的原因是防止_____。

5）由于即使在开启排气扇后气敏电阻的阻值也不能立即恢复正常，所以在声光报警电路中，还应串接一只控制开关，以消除_____（扬声器/LED）继续烦人的报警。

搜 一 搜

请上网查阅"热敏电阻"的资料，写出其中一种的技术指标和使用方法。

第三章　电感传感器

在这一章里，卡卡给大家介绍电感传感器的类型、基本原理、特性和应用。

电感传感器是一种利用线圈自感量或互感量变化来实现非电量电测的一种装置，它可以用于测量微小的位移以及与位移有关的工件尺寸、压力等参数。

电感传感器种类很多，人们习惯上讲的电感传感器通常是指自感传感器。而互感传感器是利用了变压器原理，又往往做成差动式，故常称为差动变压器。

电感传感器属于接触式测量，它的最大特点是分辨力高，可达0.1μm。

第一节　自感传感器

小实验

我们先来做一个实验。将一只380V交流接触器线圈与交流毫安表串联后，接到机床用控制变压器的36V交流电压源上，如图3-1所示。这时毫安表的示值约为几十毫安。用手慢慢将接触器的活动铁心（称为衔铁）往下按，将会发现毫安表的读数逐渐减小。当衔铁与固定铁心之间的气隙等于零时，毫安表的读数只剩下十几毫安。

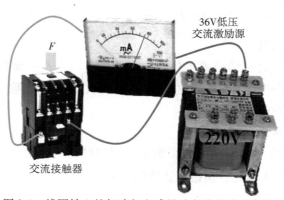

图3-1　线圈铁心的气隙与电感量及电流的关系实验

回顾一下

　　由电工知识可知，当铁心的气隙较大时，磁路的磁阻R_m较大，线圈的电感量L和感抗X_L也较小，所以电流I较大。

　　当铁心闭合时，磁阻变小、电感变大，电流减小。我们可以利用上述实验中自感量随气隙而改变的原理来制作测量位移的自感传感器。

一、自感传感器的类型及特性

　　自感传感器常见的形式有**变隙式**、**变面积式**和**螺线管式**等 3 种，原理示意图分别如图 3-2a、b、c 所示，螺线管式自感传感器外形如图 3-2d 所示。

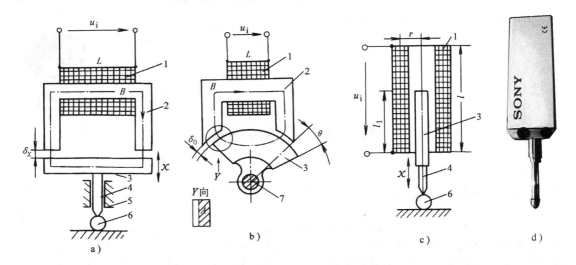

图 3-2　自感传感器原理示意图及外形

a) 变隙式结构　b) 变面积式结构　c) 螺线管式结构　d) 螺线管式外形

1—线圈　2—铁心　3—衔铁　4—测杆　5—导轨　6—工件　7—转轴

1. 变隙式电感传感器特性

　　在图 3-2a 中变隙式自感传感器工作时，衔铁通过测杆与被测物体相接触。被测物体的尺寸变化将引起衔铁的上下位移，改变了衔铁与铁心之间的间隙δ_x，从而引起线圈电感量的变化，输入输出是非线性关系。

2. 变面积式电感传感器特性

　　在图 3-2b 中，保持气隙δ_0为常数，则衔铁的位移将引起衔铁与铁心间有效投影截面积A在较小的范围内发生变化，**灵敏度比变隙式低**。

3. 螺线管式电感传感器

单线圈螺线管式电感传感器的结构如图 3-2c 所示。主要元件是一只螺线管和一根柱形衔铁。传感器工作时，衔铁在线圈中伸入长度的变化将引起螺线管电感量的变化。电感量 L 在几毫米的范围内与衔铁插入深度 l_1 大致成正比。**线圈骨架长度 L 越长，分辨力越低。**

4. 差动电感传感器

上述 3 种电感传感器使用时，由于线圈中通有交流励磁电流，因而衔铁始终承受电磁吸力，会引起振动。温度升高时，线圈的尺寸增大，电感量随之增大，将引起测量误差。

在实际使用中常采用差动形式，两个完全相同的线圈共用一根活动衔铁，构成差动式电感传感器，既可以提高传感器的灵敏度，又可以减小测量误差。差动式电感传感器的结构如图 3-3 所示。

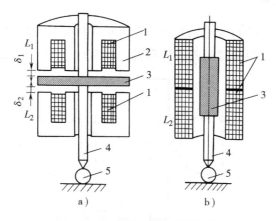

图 3-3 差动式电感传感器结构

a）变隙式差动传感器　b）螺线管式差动传感器

1—差动线圈　2—铁心　3—衔铁　4—测杆　5—工件

当衔铁随被测量移动而偏离中间位置时，两个线圈的电感量一个增加，一个减小，形成差动形式。单线圈电感传感器与差动式电感传感器的特性比较如图 3-4 所示。

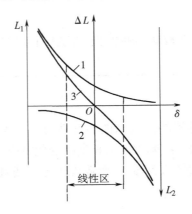

图 3-4　单线圈电感传感器与差动式电感传感器的特性比较

1—上线圈特性　2—下线圈特性　3—L_1、L_2 相减后的差动特性

想一想

观察图3-4，差动式电感传感器与非差动相比，哪个线性较好？哪个灵敏度较高？

采用差动式结构除了可以改善线性、提高灵敏度外，受外界影响，如温度的变化、电源频率的变化等也基本上可以互相抵消，衔铁承受的电磁吸力也较小，从而减小了测量误差。

二、测量转换电路

差动电感的变压器电桥转换电路如图 3-5 所示。相邻两工作臂 Z_1、Z_2 是差动电感传感器的两个线圈阻抗。另两臂接激励变压器的二次绕组。输入电压 u_i 约为 10V 左右，频

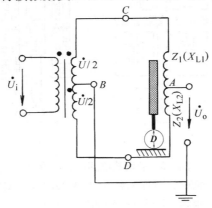

图 3-5　差动电感的变压器电桥转换电路

率约为数千赫，输出电压取自 A、B 两点。

当衔铁处于中间位置时，由于线圈完全对称，输出电压 $u_o = 0$。

当衔铁下移时，下线圈感抗增加，而上线圈感抗减小。输出电压绝对值增大，其相位与激励源同相；衔铁上移时，输出电压的相位与激励源反相。

第二节　差动变压器传感器

在这一节里，卡卡给大家介绍差动变压器的基本原理、特性和电路接线。

在工频电源的全波整流电路中，用到的"单相变压器"有一个一次绕组和两个二次绕组。当我们将两个二次绕组改为差动接法后，就会发现总电压非但没有增加，反而减少。如果将变压器的结构加以改造，将铁心做成可以活动的，就可以制成用于检测非电量的另一种传感器——差动变压器传感器（简称差动变压器）。

一、工作原理

差动变压器是把被测位移量转换为一次绕组与二次绕组间互感量 M 的变化的装置。当一次绕组接入激励电压之后，二次绕组就将产生感应电动势，当两者间的互感量变大时，感应电动势也相应变大。由于两个二次绕组采用相互抵消的差动接法，故称为**差动变压器**。目前应用最广泛的结构形式是螺线管式差动变压器。

差动变压器结构及工作原理如图3-6所示。两组完全对称的二次绕组反向串联，输出电压 u_o 与衔铁的位移 x 成正比。

差动变压器除了图3-6的结构形式外，还有其他的结构形式。某公司生产的压力变送器就采用如图3-7所示的结构。该传感器的上下互感绕组采用蜂房扁平结构，当被测压力

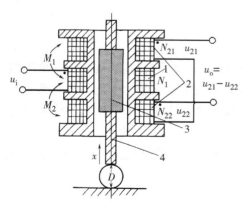

图3-6　差动变压器结构及工作原理

1——次绕组　2—二次绕组　3—衔铁　4—测杆

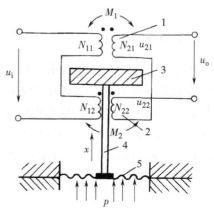

图3-7　用另一种结构形式的差动变压器组成压力变送器

1、2—上、下互感绕组　3—圆片状铁氧体　4—测杆　5—波纹膜片

为零时，圆片状铁氧体与两绕组的距离相等，$u_o = 0$。当它在被测差压作用下上下移动时，改变了一、二次绕组之间的互感量，输出电压 u_o 反映了铁氧体的位移大小与方向。

二、差动变压器的主要特性

（1）灵敏度　差动变压器的灵敏度用单位位移输出的电压或电流来表示。差动变压器的灵敏度一般可达 0.5 ~ 5V/mm。**行程越小，灵敏度越高。**

为了获得较高的灵敏度，在不致使一次绕组过热的情况下，可适当提高励磁电压，但以不超过 10V 为宜。**电源频率以 1 ~ 10kHz 为宜。**

（2）线性范围　理想的差动变压器输出电压应与衔铁位移成线性关系。**实际差动变压器的线性范围仅约为线圈骨架长度的 1/10 左右。**

三、测量电路

差动变压器的输出电压必须经过特殊的整流电路后，再给予放大。目前已有厚膜电路与之匹配。它的输出信号可设计成符合国家标准的 1 ~ 5V 或 4 ~ 20mA（请参阅本章第三节有关内容）。

第三节　电感传感器的应用

电感传感器主要用于小位移测量。凡是能转换成小位移变化的参数，如力、工件尺寸、压力、压差、加速度、振动等均可用其测量。

一、位移测量

轴向式电感测微器如图 3-8 所示。测量时红宝石（或钨钢）测端接触被测物，被测物尺寸的微小变化使衔铁在差动线圈中产生位移，造成差动线圈电感量的变化，此电感变化通过电缆接到交流电桥，电桥的输出电压反映了被测体尺寸的变化。测微仪的各档量程为 $\pm 3\mu m$、$\pm 10\mu m$、$\pm 30\mu m$、$\pm 100\mu m$，相应的指示表的分度值为 $0.1\mu m$、$0.5\mu m$、$1.5\mu m$、$2\mu m$，分辨力最高可达 $0.1\mu m$，准确度为 0.5% 左右。某轴向式电感测微器的特性如表 3-1 所示。

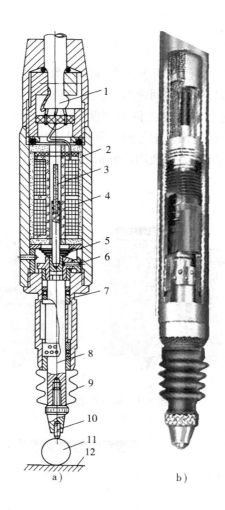

图 3-8　轴向式电感测微器

a）结构　b）外形

1—引线电缆　2—固定磁筒　3—衔铁　4—线圈　5—测力弹簧　6—防转销

7—钢球导轨（直线轴承）　8—测杆　9—密封套　10—测端　11—被测工件　12—基准面

表 3-1　某轴向式电感测微器特性

型　　号	DTH—P	DTH—PA	DTH—PS	DTH—PSH
特征	标准	零点位置变换	小型	小型、线横出
测量范围/mm	±1	−0.4 ～ +1	±0.7	
测杆长度/mm	4	3.5	2	
零点位置/mm	2	0.5	1	
外形直径/mm	ϕ12	ϕ8	ϕ6	
重复精度/μm	0.3			
电缆长度/m	1.5			
测量力/N	0.2 ～ 0.7			

二、电感式不圆度计

电感式不圆度计如图 3-9 所示，图 3-10 所示为测量轴类工件不圆度的示意图。电感测头围绕工件缓慢旋转，也可以是测头固定不动，工件绕轴心旋转。耐磨测端（多为钨钢或红宝石）与工件接触，通过杠杆，将工件不圆度引起的位移变化传递给电感测头中的衔铁，从而使差动电路有相应的输出。信号经计算机处理后绘出如图 3-10b 所示图形。该图形按一定比例放大工件的不圆度，以便用户分析测量结果。

图 3-9   不圆度测量仪

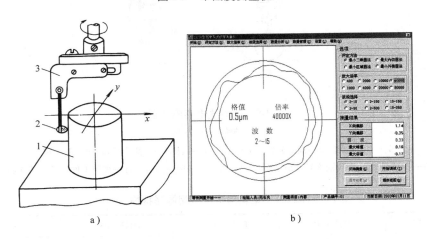

a)   b)

图 3-10   不圆度的测量

a）结构   b）计算机处理结果放大

1—被测物   2—耐磨测端   3—电感传感器

三、压力测量

差动变压器式压力变送器如图 3-11 所示。在该图中，能将压力转换为位移的弹性敏感元件称为**膜盒**。

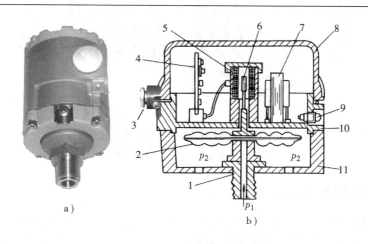

图 3-11　差动变压器式压力变送器

a）外形　b）结构示意图

1—压力输入接口　2—波纹膜盒　3—输出电流（电压）信号插座　4—印制电路板　5—差动线圈
6—衔铁　7—电源变压器　8—罩壳　9—指示灯　10—密封隔板　11—安装底座

　　当被测压力为零时，波纹膜盒无位移。这时，活动衔铁在差动线圈的中间位置，因而输出电压为零。当被测压力从输入口导入波纹膜盒时，波纹膜盒在被测介质的压力作用下，其自由端产生正比于被测压力的位移，测杆使衔铁向上移动，从而使差动变压器的二次绕组输出电压，此电压经过安装在印制电路板上的电子线路处理后，送给二次仪表，用于显示。

　　图 3-11 所示的压力变送器已经将传感器与信号处理电路组合在一个壳体中，并安装在检测现场，在工业中经常被称为**一次仪表**。一次仪表的输出信号可以是电压，也可以是电流。由于电流信号不易受干扰，且便于远距离传输（可以不考虑线路压降），所以在一次仪表中多采用电流输出型。

将压力转换成位移的弹性敏感元件除了膜盒之外，还有波纹管、弹簧管、等截面薄板、薄壁圆筒、薄壁半球等。图3-12所示为一些典型的变换压力的弹性元件。

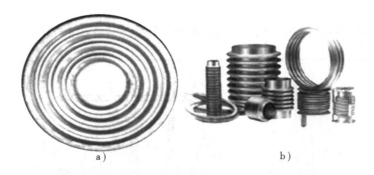

图3-12　典型的变换压力的弹性元件

a）弹性波纹膜片　b）各种弹簧管

四、两线制仪表的接线方法

所谓**两线制仪表**是指仪表与外界的联系只需两根导线。多数情况下，其中一根为+24V电源线，另一根既作为电源负极引线，又作为信号传输线。在信号传输线的末端通过一只标准负载电阻（也称取样电阻）接地（也就是电源负极），将电流信号转变成电压信号。两线制仪表的接线方法如图3-13所示。

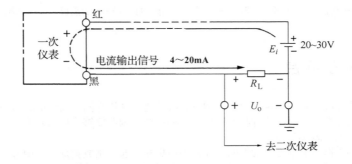

图3-13　两线制仪表的接线方法

知识沙龙

新的标准规定电流输出为4～20mA；电压输出为1～5V（旧标准为0～10mA或0～2V）。4mA对应于零输入，20mA对应于满度输入。

不让信号占有0～4mA这一范围的原因是有利于判断线路故障（开路）或仪表故障；另一方面还能利用0～4mA这一部分"本底"电流为一次仪表的内部电路提供工作电流。

工业中常用的DDZ-Ⅲ型变送器的输出是4～20mA。

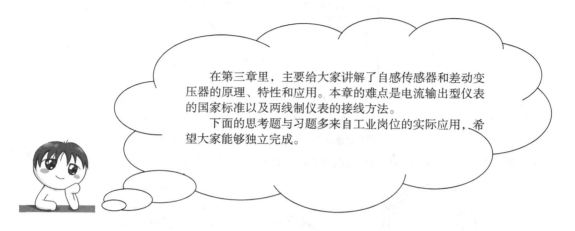

算一算

在图3-13中，若取样电阻$R_L = 250.0\,\Omega$，则对应于4～20mA的输出电压U_o为多少？

在第三章里，主要给大家讲解了自感传感器和差动变压器的原理、特性和应用。本章的难点是电流输出型仪表的国家标准以及两线制仪表的接线方法。

下面的思考题与习题多来自工业岗位的实际应用，希望大家能够独立完成。

思考题与习题

1. 单项选择题

1）欲测量0.5mm的位移，应选择_____自感传感器。希望线性好、灵敏度高、量程为3mm左右、分辨力为1μm左右，应选择_____自感传感器为宜。

A. 变隙式　　　　　　B. 变面积式　　　　　　C. 螺线管式

2）希望线性范围为±1mm，应选择线圈骨架长度为_____左右的螺线管式自感传感器或差动变压器。

A. 2mm　　　　　　B. 20mm　　　　　　C. 400mm　　　　　　D. 0.1mm

3）螺线管式自感传感器采用差动结构是为了_____。

A. 加长线圈的长度从而增加线性范围　　　　　　B. 提高灵敏度，减小温漂

C. 降低成本　　　　　　D. 增加线圈对衔铁的吸引力

4）希望将信号传送到1km之外，应选用具有_____输出的标准变送器。

A. 0～2V　　　　　　B. 1～5V　　　　　　C. 0～10mA　　　　　　D. 4～20mA

2. 差动变压器式压力传感器如图3-11所示，其压力与膜盒挠度的关系、差动变压器衔铁的位移与输出电压的关系如图3-14所示。求：

1）当输出电压为50mV时，压力p为多少千帕？

2）在图3-14a、b上分别标出线性区，综合判断整个压力传感器的压力测量范围是多少？

3. 有一台两线制压力变送器，量程范围为0～1MPa，对应的输出电流为4～20mA。求：

1）当p为0MPa、1MPa时变送器的输出电流。

2）当$p = 0.5$MPa时，输出电流大于10mA，还是小于10mA？

3）如果希望在信号传输终端将电流信号转换为1～5V电压，求负载电阻R_L的阻值。

4）若测得变送器的输出电流为0mA，试说明可能是哪几个原因造成的。

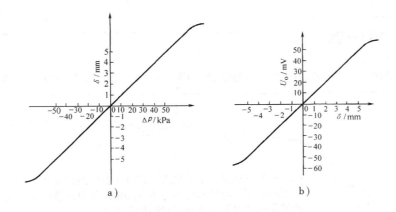

图 3-14　差动变压器式压力变送器特性曲线

a）压力与膜盒挠度的关系　b）衔铁位移与输出电压的关系

5）请将图 3-15 中的各元器件及仪表按图 3-13 电路正确地连接起来。

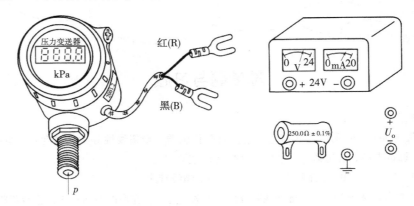

图 3-15　二线制仪表的正确连接

搜 一 搜

　　请上网查阅有关"压力变送器"的网页资料，写出其中一种的技术指标和使用方法。

第四章　电涡流传感器

在这一章里，卡卡要给大家介绍电涡流传感器的基本原理、特性和应用，也集中讲一讲在工业技术里广泛应用的接近开关。

电涡流传感器主要用于金属探测（安全检测等）、微小位移和振动测量，以及转速、表面状态等诸多与电涡流有关的参数，还可以用于无损探伤及接近开关。

电涡流传感器的最大特点是非接触测量。

第一节　电涡流传感器的工作原理

小 实 验

我们先来看一个实验。用一只直径为300mm、通有高频激励电流的空心线圈，接近一块金属，这时我们会发现与检测电路相连的耳机里的声音音调变尖。图4-1所示为电涡流探雷的情景。

图 4-1　电涡流探雷

小知识

当导体处于交变磁场中时，铁心会因电磁感应而在其内部产生自行闭合的电涡流并发热。变压器和交流电动机的铁心用硅钢片叠制而成，就是为了减小电涡流，避免烧毁。

但是人们也能利用电涡流做有用的工作，比如电磁灶、中频炉、高频淬火等电器设备都是利用电涡流原理而工作的。

根据法拉弟电磁感应定律，金属导体置于变化的磁场中时，导体表面就会有感应电流产生。电流的流线在金属体内自行闭合，这种由电磁感应原理产生的旋涡状感应电流称为电涡流，这种现象称为**电涡流效应**。

电涡流线圈受被测体表面电涡流影响时，线圈的等效阻抗 Z 将发生变化，距离 x、被测金属体的磁导率 μ、电导率 σ、导体的表面因素 r（粗糙度、沟痕、裂纹等）等因数均会影响线圈的等效阻抗。

如果控制 μ、σ、r 不变，电涡流线圈的阻抗 Z 就成为间距 x 的单值函数，即成为非接触位移传感器。电涡流传感器工作原理如图 4-2 所示。

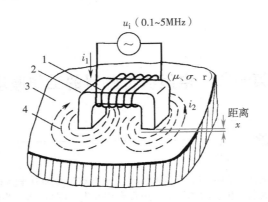

图 4-2　电涡流传感器工作原理

1—电涡流线圈　2—高频铁氧体　3—被测金属导体　4—电涡流

电涡流线圈的阻抗与 μ、σ、r、x 之间的关系均是非线性关系，必须由计算机进行线性化纠正。

第二节　电涡流传感器的结构及特性

电涡流传感器的核心是一只线圈，工业中也称为**电涡流探头**。由于激励源频率较高（数十千赫至数兆赫），所以一般为扁平空心线圈。有时为了使磁力线集中，可将线圈绕在直径和长度都很小的高频铁氧体磁心上，置于探头的端部，外部用聚四氟乙烯等高品质因数塑料密封，电涡流探头结构如图 4-3 所示。

随着电子技术的发展，现在已能将测量转换电路安装到探头的壳体中。CZF—1 系列

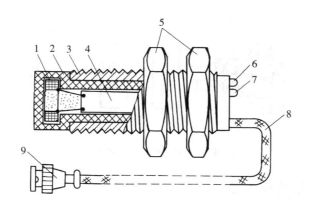

图 4-3 电涡流探头结构

1—电涡流线圈 2—探头壳体 3—壳体上的位置调节螺纹 4—印制电路板
5—夹持螺母 6—电源指示灯 7—阈值指示灯 8—输出屏蔽电缆线 9—电缆插头

传感器的性能如表 4-1 所示。

表 4-1 CZF—1 系列传感器的性能

型 号	线性范围/μm	线圈外径/mm	分辨力/μm	线性误差（%）	使用温度/℃
CZF1—1000	1000	$\phi 7$	1	<3	−15~80
CZF1—3000	3000	$\phi 15$	3	<3	−15~80
CZF1—5000	5000	$\phi 28$	5	<3	−15~80

想 一 想

如果图 4-3 中的电源指示灯 6 不亮，有哪几种原因？如果电源指示灯 6 亮，而阈值指示灯 7 不亮，又说明什么？

由表 4-1 可以看出，探头的直径与测量范围之间有什么联系？与分辨力之间又有什么联系？

第三节 电涡流传感器的测量转换电路

一、调幅式测量转换电路

调幅式电路也称为 **AM** 电路，如图 4-4 所示。电涡流线圈（探头）L 和固定电容 C_0 组成 LC 振荡器。当被测金属导体距探头相当远时，振荡器的输出电压 u_o 最大。当被测金属体从水平方向（x_2 方向）或垂直方向（x_1 方向）靠近探头时，吸收了探头电磁场的部分能量，使输出电压 u_o 降低。输出电压幅度变化与位移 x 不是线性关系，必须由计算机线性化之后才能用数码管显示出位移量。

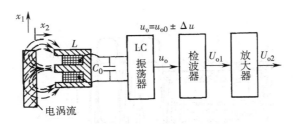

图 4-4　调幅式测量转换电路

二、调频式测量转换电路

调频式电路也称为 **FM** 电路，它以 LC 振荡器的输出频率 f 作为输出量。调频式测量转换电路原理框图及特性如图 4-5 所示。

由电工知识可知，并联谐振回路的谐振频率为

$$f = \frac{1}{2\pi \sqrt{LC_0}} \tag{4-1}$$

当电涡流线圈与被测体的距离 x 改变时，电涡流线圈（探头）的电感量 L 也随之改变，引起 LC 振荡器的输出频率变化。将频率信号（TTL 电平）送到计算机的计数/定时器，可以测量出频率的变化。可以将此频率通过 F/V 转换器（又称为鉴频器），将 Δf 转换为电压 ΔU_0，由表头显示出电压值的变化。鉴频器特性如图 4-5b 所示。

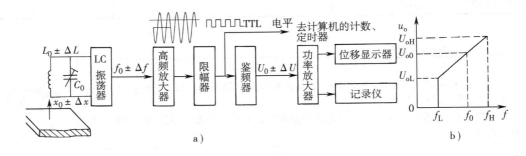

图 4-5　调频式测量转换电路原理框图及特性

a）信号流程　b）鉴频器特性

第四节　电涡流传感器的应用

电涡流探头线圈的阻抗受诸多因素影响，所以电涡流传感器多用于定性测量。

一、振动测量

在汽轮机、空气压缩机中，常用电涡流传感器来监控主轴的径向、轴向振动，也可以测量发动机涡流叶片的振幅。在研究机器振动时，常常采用多个传感器放置在机器不

同部位进行检测，得到各个位置的振幅值和相位值，从而画出振型图，振幅测量方法如图 4-6 所示。由于机械振动是由多个不同频率的振动合成的，所以其波形一般不是正弦波。

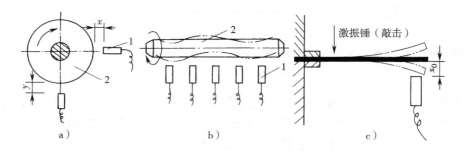

图 4-6　振幅测量方法

a）径向振动测量　b）长轴多线圈测量　c）叶片振动测量

1—电涡流线圈　2—被测物

想 一 想

利用电涡流测振仪测量叶片振动如图4-6c所示，输出的振动波形如图4-7所示，请分析与被测振动有关的结果。

① 振动的基波周期 T 约为 2.5div × 10ms/div=25ms；

② 振动的基波频率 f 约为 $1/T=1/0.025s=40Hz$；

③ 振动的输出电压峰峰值 U_{PP} 约为 (2div × 40mV/div)=80mV，输出电压幅值 U_P 约为40mV；

④ 若测振仪的灵敏度为0.5mm/mV，则振动的振幅 x 约为20mm。

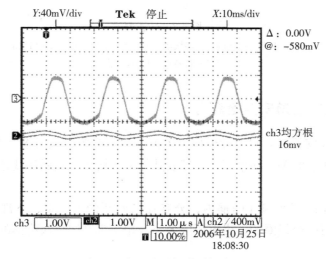

图 4-7　电涡流测振波形解读

二、转速测量

若旋转体上已开有一条或数条槽（或齿状物），则可以在侧面安装一个电涡流传感器，如图 4-8 所示。当转轴转动时，传感器周期地改变着与旋转体表面之间的距离，因此它的输出电压也周期性地发生变化。若转轴上有 z 个槽（或齿），频率计的读数为 f（单位为 Hz），则转轴的转速 n（单位为 r/min）为

$$n = 60\frac{f}{z} \tag{4-2}$$

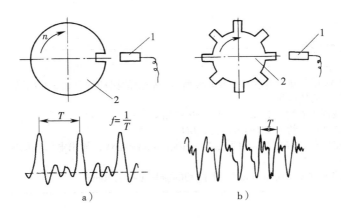

图 4-8　转速测量

a）带有凹槽的转轴及输出波形　　b）带有凸槽的转轴及输出波形

1—传感器　2—被测物

三、电涡流式通道安全检查门

安全检查门（安检门）可有效地探测出枪支、匕首等金属武器及其他大件金属物品。它广泛应用于机场、海关、钱币厂、监狱或其他重要场所。电涡流式通道安检门示意图如图 4-9 所示。

通常将电涡流线圈密封在门框内，分布在门两侧的上、中、下部位，形成 6 个探测区。计算机根据每一个线圈的输出电压的大小、相位来判定金属物体的大小。

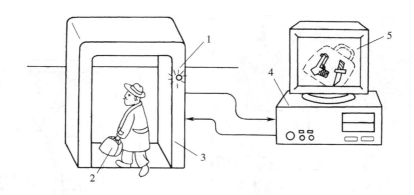

图 4-9　电涡流式通道安全检查门示意图

1—指示灯　2—隐蔽的金属物体　3—内藏式电涡流线圈

4—软 X 光探测器图像处理系统　5—显示器

四、电涡流表面探伤

用电涡流探头也可检测高压输油管表面裂纹，其示意图如图 4-10 所示。两只导向辊用耐磨、不导电的聚四氟乙烯制成，并以相同的方向旋转。油管在它们的驱动下，匀速地在楔形电涡流探头下方作 360° 转动，同时向前挪动，因此探头能对油管表面进行逐点扫描。当油管存在裂纹时，电涡流所走的路程大为增加，所以电涡流突然减小。电涡流探伤输出信号如图 4-11 所示。

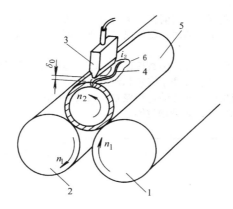

图 4-10　用电涡流探头检测高压输油管表面裂纹的示意图

1、2—导向辊　3—楔形电涡流探头　4—裂纹　5—输油管　6—电涡流

利用电涡流传感器可以检查金属表面（即使已涂防锈漆）的裂纹以及焊接处的缺陷等。在探伤中，传感器应与被测导体保持距离不变。由于缺陷将引起导体电导率、磁导率的变化，使电涡流突变，从而引起输出电压的突变。

电涡流探伤系统的最大特点是非接触测量，不磨损探头，检测速度可达每秒几米。对机械系统稍作改造，还可用于轴类，滚子类的表面缺陷检测。

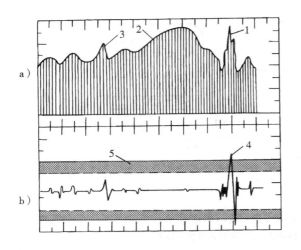

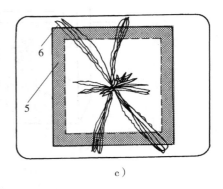

图 4-11　电涡流探伤输出信号

a）原始信号　b）带通滤波器后的信号　c）缺陷花瓣阻抗图

1—尖峰信号　2—摆动引起的伪信号　3—可忽略的小缺陷　4—裂纹信号

5—反视报警框　6—超限缺陷花瓣

第五节　接近开关及其应用

接近开关又称无触点行程开关。它能在一定的距离（几毫米至几十毫米）内检测有无物体靠近。当物体进入其设定距离范围内时，就发出"动作"信号，该信号属于开关信号（高电平或低电平）。

接近开关能直接驱动中间继电器。多数接近开关已将感辨头和测量转换电路做在同一壳体内，壳体上多带有螺纹或安装孔，以便于安装和调整。

接近开关的应用已远超出行程开关的行程控制和限位保护范畴。它可以用于高速计数、测速，确定金属物体的存在和位置，测量物位等。

知识沙龙

接近开关的核心部分是"感辨头"，它对正在接近的物体有很高的感辨能力。在生物界，眼镜蛇的尾部能感辨出人体发出的红外线；而电涡流探头能感辨金属导体的靠近。应变片、电位器之类的传感器无法用于接近开关，因为它们属于接触式测量。

一、常用的接近开关分类

（1）电涡流式（以下按行业习惯称其为电感接近开关）　它只对导电良好的金属起作用。

（2）电容式　它对接地的导电物体起作用，对非地电位的导电物体灵敏度稍差（将在第五章中介绍）。

（3）磁性干簧开关（也称为干簧管，如图 13-4c 所示）　它只对磁性较强的物体起作用。

（4）霍尔式　它只对导磁体起作用（将在第八章中介绍）。

二、接近开关的特点及性能指标

与机械开关相比，接近开关具有如下特点：①非接触检测，不影响被测物的运行工况，不需施加机械力；②不产生机械磨损和疲劳损伤，工作寿命长；③响应时间可小于几毫秒；④采用全密封结构，防潮、防尘性能较好，故障率低；⑤动作时，无触点、无火花，适用于要求防爆的场合。接近开关的缺点是"触点"容量较小，输出短路时易烧毁。

接近开关的主要性能指标如表 4-2 所示。

表 4-2　接近开关的主要参数

参　数	定　义
动作距离	标准检测体从轴向靠近接近开关，在接近开关动作时，从接近开关壳体到检测体的距离（单位为 mm，以下同）
设定距离	接近开关在实际使用中被设定的安装距离。在此距离内，接近开关不应受温度变化、电源波动、机械抖动等外界干扰而产生误动作
复位距离	检测体远离接近开关，在接近开关的输出电平复归时，从接近开关壳体到检测体的距离
动作滞差	动作距离与复位距离之差。动作滞差越大，准确度就越低，但对抗被测物抖动干扰的能力就越强
动作频率	允许每秒钟连续不断地进入接近开关的动作距离后又离开的被测物最高个数

接近开关的主要结构形式如图 4-12 所示，可根据不同的用途选择不同的型号。图 4-12a 的形式便于调整与被测物的间距；图 4-12b，c 的形式可用于板材的检测；图 4-12d，e 可用于线材的检测。

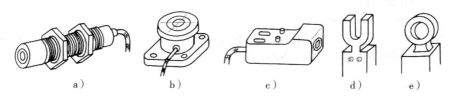

图 4-12　接近开关的几种结构形式
a）圆柱形　b）平面安装型　c）方形　d）槽形　e）贯穿型

三、接近开关的规格及接线方法

接近开关有常开、常闭之分，还要区分继电器输出型和 OC 门输出型。OC 门又有"PNP"和"NPN"之分。一种较为常见的三线制、NPN 常开输出型接近开关如图 4-13 所示。棕色引线为正电源（18～35V）；蓝色接地（电源负极）；黑色为输出端。

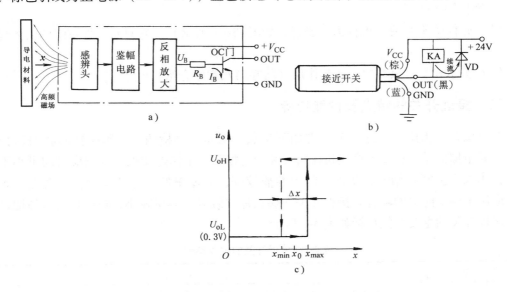

a）

b）

c）

图 4-13　三线制、NPN 常开输出型接近开关

a）三线制接近开关原理框图　b）NPN、OC 门常开输出电路接法　c）NPN 型接近开关的特性

当被测物体未靠近接近开关时，OC 门的基极电流 $I_B = 0$，OC 门截止，OUT 端为高阻态（接入负载后为高电平，此时测量 OUT 端的电压接近电源电压）；当被测体靠近，到达动作距离（x_{min}）时，OC 门的输出端对地导通，将中间继电器 KA 跨接在 V_{CC} 与 OUT 端上时，KA 就处于得电（吸合）状态，OUT 端对地为低电平（约 0.3V）。当被测物体远离该接近开关，到达复位距离 x_{max} 时，OC 门再次截止，KA 失电（释放）。

四、电感接近开关应用实例

小贴士

工作过程中，若图4-13b中的"续流二极管"VD虚焊或未接，当接近开关复位的瞬间，KA线圈将产生的很高的感应电压，有可能将OC门击穿。

1. 生产工件加工定位

在机械加工自动生产线上，可以使用接近开关进行工件的加工定位，工件的定位与计数如图 4-14 所示。

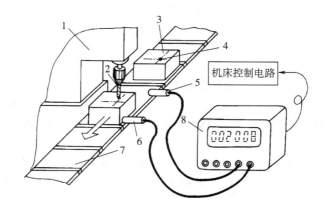

图 4-14　工件的定位与计数

1—加工机床　2—刀具　3—金属工件　4—加工位置　5—减速接近开关
6—定位接近开关　7—传送机构　8—计数器-位置控制器

当传送带将待加工的金属工件运送到靠近"减速"接近开关的位置时，该接近开关发出"减速"信号，传送带减速，以提高定位准确度。

当金属工件到达"定位"接近开关面前时，定位接近开关发出"动作"信号，使传送带停止运行，加工刀具对工件进行机械加工。

2. 生产零部件计数

在图 4-14 中，还可将传送带一侧的"减速"接近开关的信号接到计数器输入端。当传送带上的每一个金属工件从该接近开关面前掠过时，接近开关动作一次，输出一个计数脉冲，计数器加 1。

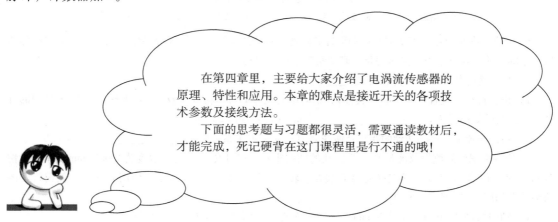

在第四章里，主要给大家介绍了电涡流传感器的原理、特性和应用。本章的难点是接近开关的各项技术参数及接线方法。

下面的思考题与习题都很灵活，需要通读教材后，才能完成，死记硬背在这门课程里是行不通的哦！

思考题与习题

1. 单项选择题

1）塑料表面经常镀有一层金属镀层，以增加美观和提高耐磨性。金属镀层越薄，镀层中的电涡流也越小。欲测量金属镀层厚度，电涡流线圈的激励源频率约为_____。而用于测量小位移的螺线管式自感传感器以及差动变压器绕组的激励源频率通常约为_____。

    A. 50～100Hz   B. 1～10kHz   C. 10～50kHz   D. 100kHz～2MHz

    2）电涡流接近开关可以利用电涡流原理检测出_____的靠近程度。

    A. 人体   B. 水   C. 金属零件   D. 塑料零件

    3）电涡流探头的外壳用_____制作较为恰当。

    A. 不锈钢   B. 塑料   C. 黄铜   D. 玻璃

    4）欲探测埋藏在地下的金银财宝，应选择直径为_____左右的电涡流探头。欲测量油管表面的细小裂纹，应选择直径为_____左右的探头。

    A. 0.1mm   B. 10mm   C. 5000mm   D. 500mm

    5）用图 4-8b 所示的方法测量齿数 $z=60$ 的齿轮的转速，测得 $f=400Hz$，则该齿轮的转速 n 等于_____ r/min。

    A. 400   B. 3600   C. 24000   D. 60

2. 请观察电磁炉的使用过程，并参考图 4-15 所示的电磁炉结构热示意图，简要写出电磁炉的工作原理。

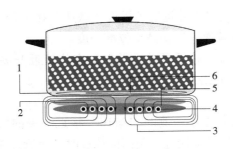

图 4-15　电涡流电磁炉原理

1—不锈钢锅体　2—微晶玻璃炉面　3—磁力线　4—线圈　5—线圈骨架　6—电涡流

    3. 工业或汽车中经常需要测量运动部件的转速、直线速度及累计行程等参数。现以大家都较熟悉的自行车的车速及累计公里数测量为例，来了解其他运动机构的类似原理。

    1）你所选择的测圈数的传感器是_____。

    2）设自行车后轮直径为 26in（英寸），请写出公里数 L 与车轮直径 D（m）及转动圈数 N 之间的计算公式及其计算结果 $L=$ _____ m。（注：1in = 25.4mm）

    3）写出车速 v 与每圈转动的距离及所花时间 t_1 之间的关系：$v=$ _____ km/h。

    4. 用一电涡流式测振仪测量某机器主轴的轴向窜动，已知传感器的灵敏度为 25mV/mm。最大线性范围（优于 1%）为 5mm。现将传感器安装在主轴的右侧，如图 4-16a 所示。使用高速记录仪记录下的振动波形如图 4-16b 所示，试求：

    1）轴向振动 $A_m\sin\omega t$（单位为 mm）的峰—峰值 A_{pp} 为多少？振幅 A_m 为多少？

    2）主轴振动的周期 T 为多少？基频 f 又是多少？

    3）为了得到较好的线性度与最大的测量范围，一般情况下，传感器与被测金属的安装距离 l 为最大线性范围的一半，按这个原则，被测金属的安装距离应为多少毫米？

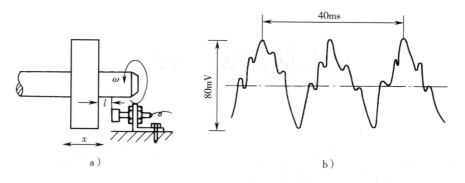

图 4-16　电涡流式测振仪测量示意图
a）电涡流传感器的测振安装　b）测振波形

搜一搜

请上网查阅有关接近开关的资料，写出其中一种的技术指标和使用方法。

第五章　电容传感器

在这一章里，卡卡要给大家介绍电容传感器的基本原理、特性和应用，也集中讲一讲在工业领域应用较多的压力、液位和流量测量。

在测量中，被测物理量通过电容传感器转换为电容量的变化，再经测量转换电路转换为电压或频率。

电容传感器的最大特点是非接触测量。

第一节　电容传感器的工作原理及特性

小实验

我们先来做一个实验。打开一只老式收音机后盖，可以看到一只"可变电容器"。增加该电容器"动片"的旋出角度，收音机的谐振频率就逐渐升高，所接收到的电台频率也逐渐升高，如图5-1所示。

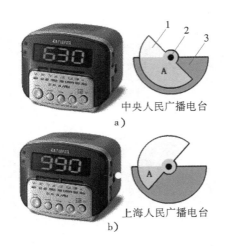

中央人民广播电台

a）

上海人民广播电台

b）

图 5-1　电容量与谐振频率的关系

a）动片与定片的遮盖面积较大时　b）动片与定片的遮盖面积较小时

1—动片　2—转轴　3—定片

从电工知识可知，电容传感器的电容量 C 与两极板相互遮盖的有效面积 A 以及两极板之间的介质介电常数 ε 成正比，与两极板间的距离 d（常称为极距）成反比 $C=\dfrac{\varepsilon A}{d}$。

平板电容器示意图如图 5-2 所示。在 A、d、ε 三个参量中，改变其中任意一个量，均可使电容量 C 改变。固定三个参量中的两个，可以做成三种类型的电容传感器。

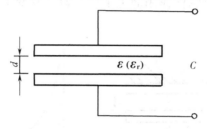

图 5-2　平板电容器

一、变面积式

变面积式电容传感器的结构及原理如图 5-3 所示。图 5-3a 是平板形直线位移式结构，其中动极板 1 可以左右移动，称为**动极板**；极板 2 固定不动，称为**定极板**，两者之间的初始安装距离 d_0 为常数。

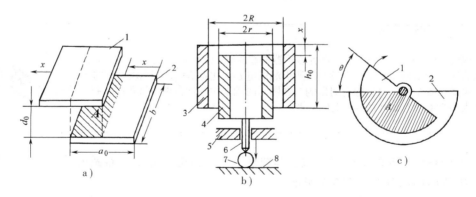

图 5-3　变面积式电容传感器的结构及原理
a）平板形直线位移式　b）圆筒形直线位移式　c）半圆形角位移式
1—动极板　2—定极板　3—外圆筒　4—内圆筒
5—导轨　6—测杆　7—被测工件　8—水平基准

图 5-3b 所示为圆筒形直线位移式电容传感器。外圆筒不动，内圆筒在外圆筒内作上、下直线运动。内外圆筒的半径之差越小，灵敏度越高。实际使用时，外圆筒必须接地，这样可以屏蔽外界电场干扰，并且能减小周围人体及金属体与内圆筒间的分布电容，从而减小误差。

图 5-3c 所示为半圆形角位移式结构电容传感器。动极板的转轴由被测物体带动而旋转一个角位移 θ 时，两极板的遮盖面积 A 就减小，电容量也随之减小。

变面积式电容传感器的输出特性是线性的，多用于检测直线位移、角位移、尺寸等参量。

二、变极距式

变极距式电容传感器结构如图 5-4a 所示，特性曲线如图 5-4b 所示。图中 1 为定极板，2 为动极板。当动极板受被测物体作用而上下位移时，改变了两极板之间的距离 d，从而使电容量发生变化。

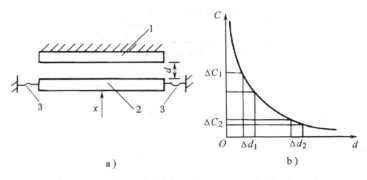

图 5-4 变极距式电容传感器
a）结构示意图 b）电容量与极板距离的关系
1—定极板 2—动极板 3—弹性膜片

想一想

观察图5-4b所示的变极距式电容传感器特性曲线，变极距电容传感器的特性是什么曲线？当初始安装距离 d_0 较小时所引起的电容变化量 ΔC_1，与 d_0 较大时的 ΔC_2 比较，灵敏度哪个高？对行程有何影响？在图示的例子中，你在调整极距时，打算将 d_0 设置为多少毫米？请在图5-4b上标出来。

为了提高传感器的灵敏度，减小非线性，也常常把电容传感器做成差动形式。差动式电容传感器结构示意图如图 5-5 所示。

回顾一下

在第四章里，卡卡给大家介绍过差动电感的特性及优点，大家还记得吗？

图5-5a 的中间极板为动极板（接地），上下两块为定极板。当动极板向上移动 Δx 后，C_1 的极距由初始安装位置的 d_0，变为 d_1（$d_1 = d_0 - \Delta x$），而 C_2 的极距变为 d_2（$d_1 = d_0 + \Delta x$），电容 C_1 和 C_2 形成差动变化，经过信号测量转换电路后，灵敏度提高近一倍，线性也得到改善。外界的影响诸如温度、激励源电压、频率变化等也基本能相互抵

消，因此在工业中多使用差动结构。电容传感器的非线性误差还可以进一步用计算机来计算修正。

在图 5-5b 中，动极板向左位移了 Δx 时，动极板与两块定极板的极距 d_0 保持不变，但与左边一块定极板的投影长度增加到 $L_0 + \Delta x$，两者之间的投影面积增大，电容 C_1 也随之增大。与此同时，动极板与右边定极板之间的电容 C_2 减小，构成差动关系。数显卡尺就是利用这种差动变面积式的基本原理制作的。

三、变介电常数式

因为各种介质的相对介电常数不同，所以在电容器两极板间插入不同介质时，电容器的电容量也就不同。利用这种原理制作的电容传感器称为变介电常数式电容传感器，它们常用来检测片状材料的厚度、性质，颗粒状物体的含水量以及测量液体的液位等。表 5-1 列出了几种常用气体、液体、固体介质的相对介电常数。

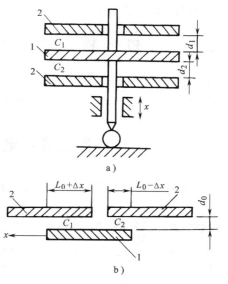

图 5-5 差动电容传感器结构示意图
a）差动变极距式 b）差动变面积式
1—动极板 2—定极板

表 5-1 几种介质的相对介电常数

介 质 名 称	相对介电常数 ε_r	介 质 名 称	相对介电常数 ε_r
真空	1	玻璃釉	3 ~ 5
空气	略大于1	SiO_2	38
其他气体	1 ~ 1.2[①]	云母	5 ~ 8
变压器油	2 ~ 4	干的纸	2 ~ 4
硅油	2 ~ 3.5	干的谷物	3 ~ 5
聚丙烯	2 ~ 2.2	环氧树脂	3 ~ 10
聚苯乙烯	2.4 ~ 2.6	高频陶瓷	10 ~ 160
聚四氟乙烯	2.0	低频陶瓷、压电陶瓷	1000 ~ 10000
聚偏二氟乙烯	3 ~ 5	纯净的水	80

① 气体的相对介电常数，由其化学成分不同而略有变化。

变介电常数式电容传感器基本结构如图 5-6 所示。当介质厚度 δ 保持不变、而相对介电常数 ε_r 改变，如空气湿度变化时，介质吸入潮气（$\varepsilon_{r水} \gg 1$）时，电容量将发生较大的变化。因此该电容传感器可作为介质（例如塑料薄膜）厚度的测试仪器或空

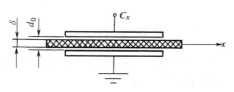

图 5-6 变介电常数式电容传感器

气相对湿度传感器等。

想一想

当被测量的塑料薄膜厚度 δ 增加时，为什么电容量 C_x 将增大？

第二节　电容传感器的测量转换电路

电容传感器的测量转换电路常采用调频电路。

回顾一下

在第四章里，卡卡给大家介绍过FM电路，大家还记得吗？

调频电路是将电容传感器作为 LC 振荡器谐振回路的一部分。当电容传感器工作时，电容 C_x 发生变化，就使振荡器的频率 f 产生相应的变化，计算机测得频率 f 的变化就可算得 C_x 的数值。图 5-7 为 LC 振荡器调频电路框图。

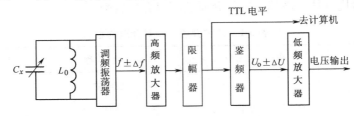

图 5-7　调频电路框图

第三节　电容传感器的应用

将图5-6所示的结构略加改造，就可以用于测量纸张的含水量、塑料薄膜的厚度等，而图5-3b所示的结构可以用于测量工件的直径，图5-3c的结构可以用于测量机械臂的角位移。下面介绍一些电容传感器的典型应用。

一、电容液位计

电容液位计原理图如图 5-8a 所示。当两极板间的绝缘液体液位越高时，极板之间的电容量也就越大。

当被测介质是导电的液体（例如水溶液）且液罐是导电金属时，可以将液罐接地，并作为液位计的外电极，如图 5-8b 所示。这时内、外电极的极距只是聚四氟乙烯套管的壁厚。

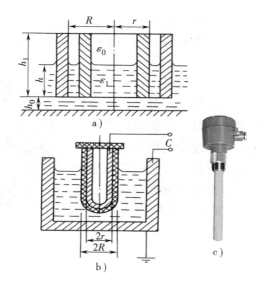

图 5-8　电容液位计原理图

a）同轴内外金属管式　b）金属管外套聚四氟乙烯套管式　c）图 5-8b 的实物照片

二、电容加速度传感器

电容加速度传感器的体积较小，核心部分只有 3mm 左右，与测量转换电路一起装在集成电路中，表面微加工电容式加速度传感器结构示意图如图 5-9b 所示。

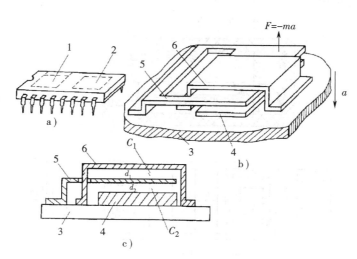

图 5-9　表面微加工电容加速度传感器结构示意图

a）16 脚封装外型　b）多晶硅多层结构　c）加速度测试单元工作原理

1—加速度测试单元　2—信号处理电路　3—衬底　4—底层多晶硅（下电极）

5—多晶硅悬臂梁　6—顶层多晶硅（上电极）

当电容加速度传感器感受到上下振动时，中间层多晶硅悬臂梁上下抖动，C_1、C_2呈差动变化。由于硅悬臂梁的质量很轻，所以频率较快，允许的撞击加速度可达$100g$以上。

将该加速度电容传感器安装在炸弹上，可以控制炸弹爆炸的延时时刻；安装在轿车上，可以作为碰撞传感器。当正常刹车和轻微碰擦时，传感器输出信号较小。当其测得的负加速度值超过设定值时，CPU 判断发生碰撞，启动轿车前部的折叠式安全气囊迅速充气而膨胀，托住驾驶员及前排乘员的胸部和头部。电容加速度传感器在汽车碰撞实验中的保护作用如图5-10所示。

图 5-10　汽车碰撞实验

三、电容接近开关

在第四章里，曾介绍过"电感式接近开关"，它能判断金属物体靠近与否。

电容接近开关的核心是以电容极板作为检测端的 LC 振荡器，圆柱形电容接近开关的结构及原理框图如图 5-11 所示。两块检测极板设置在接近开关的最前端，测量转换电路安装在接近开关壳体内。

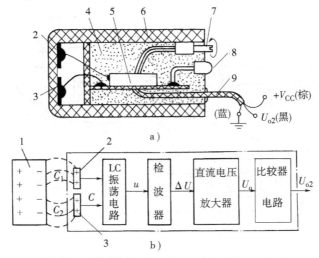

图 5-11　圆柱形电容接近开关的结构及原理框图
a）电容接近开关结构　b）原理框图

1—被测物　2—上检测极板　3—下检测极板　4—充填树脂　5—测量转换电路板
6—塑料外壳　7—灵敏度调节电位器　8—工作指示灯　9—三芯线电缆

当没有物体靠近检测极板时，上、下检测极板之间的电容量 C 非常小，它与电感 L（在测量转换电路板 5 中）构成高品质因数的 LC 振荡电路。

当被检测物体为导电体时，上、下检测极板经过与导电体之间的耦合作用，形成变极距电容 C_1、C_2。电容量比未靠近导电体时增大了许多，引起 LC 回路的 Q 值下降，输出电压 U_o 随之下降，Q 值下降到一定程度时振荡器停振。

试 一 试

电容接近开关的位置固定后，可以根据被测物的材质，调节接近开关尾部的灵敏度调节电位器7，直至"工作指示灯"亮为止。当被测物（例如液体）与接近开关之间隔着一层玻璃时，可以适当提高灵敏度，以抵消玻璃的影响。

想 一 想

能不能举个例子来说明电容接近开关的应用？

知 识 沙 龙

可以将电容接近开关安装在饲料加工料斗上方。当谷物高度达到电容接近开关的底部时，电容接近开关就产生报警信号，关闭输送管道的阀门。也可以将它安装在如一些水箱的玻璃连通器外壁上，用于测量和控制水位。

第四节　压力、液位和流量的测量

一、压力传感器的分类

小 知 识

压力与生产、科研、生活等各方面密切相关，因此压力测量是本课程的重点之一。物理学中的"压强"在检测领域和工业中称为"压力"，用 p 表示，它等于垂直作用于一定面积 A 上的力 F（称为压向力）除以面积 A，即 $p=F/A$。

测量压力的传感器可分为 3 大类，即**绝对压力传感器**、**差压传感器**和**表压传感器**。

（1）绝对压力传感器　它所测得的压力数值是相对于密封在绝对压力传感器内部的基准真空（相当于零压力参考点）而言的，是以真空为起点的压力。平常所说的环境大气压为多少千帕即是指绝对压力。当绝对压力小于 101kPa 时，可以认为是"负压"，所测得的压力相当于真空度。

（2）差压传感器　差压是指两个压力 p_1 和 p_2 之差，又称为压力差。当差压表两侧面均向大气敞开时，差压等于零。

试 一 试

将一张橡皮薄膜（真实压力表使用波纹膜片或平膜片）绷紧在管道右侧管口上，左右两侧面均向大气敞开时，薄膜两侧的差压 $\Delta p = p_左 - p_右 = 0$。

当从左侧向管道吹气时，$p_左 > p_右$，$\Delta p > 0$，膜片将向右侧弯曲；当从左侧向管道吸气时，$p_左 < p_右$，膜片将向管道的左侧弯曲，Δp 为负值。

更多的情况下，管道的左右两侧均存在很大的压力，膜片的弯曲方向由左右两侧的压力之差决定，而与大气压（环境压力）无关。

例如，当 $p_1 = 0.9 \sim 1.1$MPa，$p_2 = 0.9 \sim 1.0$MPa 时，必须选择测量范围为 $-0.1 \sim 0.2$MPa 以上的差压传感器。

（3）表压传感器　表压测量是差压测量的特殊情况。测量时，以环境大气压为参考基准，将差压传感器的一侧向大气敞开，就形成表压传感器。表压传感器的输出为零时，其膜片两侧实际上均存在一个大气压的绝对压力。

知识沙龙

当医生测量血压时，实际上就是测量人体血压与大气压力之差。这类传感器的输出随大气压的波动而波动，但误差处于允许的范围内。在工业生产和日常生活中所提到的压力，绝大多数指的是表压，而计量领域提到的压力有时也指绝对压力。

二、电容式差压变送器

电容式差压变送器结构示意图如图 5-12 所示。它的核心部分是一个差动变极距电容

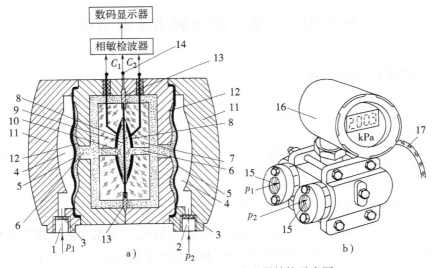

图 5-12　差动电容式差压变送器结构示意图

a）结构　b）外观

1—高压侧进气口　2—低压侧进气口　3—过滤片　4—空腔　5—柔性不锈钢波纹隔离膜片
6—导压硅油　7—凹形玻璃圆片　8—镀金凹形电极（定极板）　9—弹性平膜片　10—δ腔
11—铝合金外壳　12—限位波纹盘　13—过压保护悬浮波纹膜片　14—公共参考端（地电位）
15—螺纹压力接头　16—测量转换电路及显示器铝合金盒　17—信号电缆

传感器。

当被测压力 p_1、p_2 由两侧的内螺纹压力接头进入各自的空腔时，压力通过不锈钢波纹隔离膜以及热稳定性很好的灌充液（导压硅油），传导到 δ 腔。弹性平膜片由于受到来自两侧的压力之差，而凸向压力小的一侧，引起差动电容 C_1、C_2 的变化。

兴趣平台

测量转换电路将此电容量的变化转换成 4～20mA 的标准电流信号，通过信号电缆线输出到二次仪表。从图 5-12b 中还可以看到，该压力变送器自带 LCD 数码显示器，可以在现场读取测量值，内部模块的电流损耗不超过 4mA。

三、利用差压变送器测量液体的液位

将图 5-12 所示的电容差压变送器的高压侧（p_1）进气孔通过管道与储液罐相连，就组成差压式液位计，如图 5-13 所示。

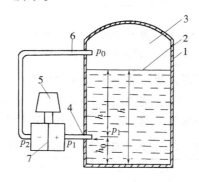

图 5-13 差压式液位计

1—储液罐 2—液面 3—上部空间 4—高压侧管道 5—电容差压变送器 6—低压侧管道 7—膜片

设储液罐是密闭的，则施加在差压电容膜片上的压力之差为

$$\Delta p = p_1 - p_2 = \rho g (h - h_0) \tag{5-1}$$

式中 ρ——液体的密度；

g——重力加速度；

h——待测液位；

h_0——差压变送器的安装高度。

想一想

根据式（5-1）分析差压变送器的输出与液位 h 成什么关系？密封容器上部空间的气体压力 p_0 会影响液体测量结果吗？

工业中还经常使用一种不需要法兰盘密封的投入式液位变送器。通常将压力传感器倒置于液体底部时，传感器的高压侧 p_1 的进气孔与液体相通，传感器的低压侧进气孔通过

一根很长的橡胶"背压管"与大气相通，传感器的信号线、电源线也通过该"背压管"与外界的仪表接口相连接。图5-14所示为投入式液位计的使用示意图。

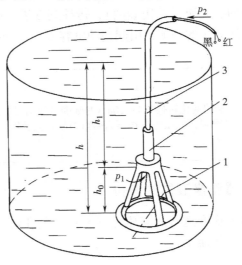

图5-14　投入式液位计的使用示意图
1—支架　2—压阻式压力传感器壳体　3—背压管

这种投入式液位传感器安装方便，适应于深度为几米至几十米，且混有大量污物、杂质的水或其他液体的液位测量。除了选用电容式压力表测量液位之外，测压元件也经常选用廉价的半导体压阻式压力传感器。典型的投入式电容液位变送器特性如表5-2所示。

表5-2　投入式液位变送器的典型特性

参　　　数	典　型　值	参　　　数	典　型　值
量程/mH₂O[①]	0 ~ 100	电源电压/V	DC10 ~ 36
综合准确度（%）	0.2	工作温度范围/℃	− 20 ~ 85
分辨率（%）	≤0.05	电缆	φ16mm 聚氨酯导气电缆或聚四氟乙烯电缆
长期稳定性/（%/年）	0.2		
零点温度系数/℃$^{-1}$	10^{-4}	绝缘/（MΩ/V）	1000/500
灵敏度温度系数/℃$^{-1}$	10^{-4}	外壳防护等级	IP68
输出信号/mA	4 ~ 20 两线，或 RS-485/RS-232		

① 1mH₂O 相当于 9.80665kPa。

四、流量的测量

流量是指流体在单位时间内通过某一截面积的体积数或质量数，分别称为体积流量 q_V 和质量流量 q_m。这种单位时间内的流量统称为瞬时流量 q。把瞬时流量对时间 t 进行累计，求出累计体积或累计质量的总和，称为累积流量，也叫总量。

流速 v 越快，瞬时流量越大；管道的截面积越大，瞬时流量也越大。

根据瞬时流量的定义，体积流量 $q_V = Av$，单位为 m^3/h 或 L/s；质量流量 $q_m = \rho Av$，单位为 t/h 或 kg/s，v 为流过某截面积的平均流速，A 为管道的截面积，ρ 为流体的密度。

采用测量流速 v 而推算出流量的仪器称为流速法流量计。

五、节流式流量计及电容差压变送器在流量测量中的应用

差压式流量计又称节流式流量计。在流体流动的管道内设置一个节流装置，如图 5-15a 所示。

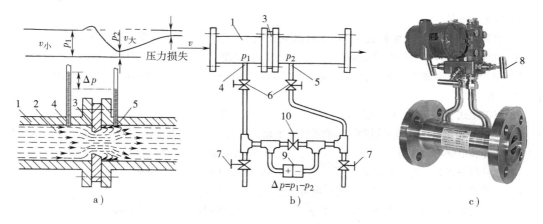

图 5-15 节流式流量计

a）流体流经节流孔板时，流速和压力的变化情况

b）测量液体时导压管从下方取压的标准安装方法 c）测量气体时由上方取压的实例

1—上游管道 2—流体 3—节流孔板 4—前取压孔位置 5—后取压孔位置

6—截止阀 7—排水阀 8—排气阀 9—差压变送器 10—均压阀

所谓节流装置，就是在管道中段设置一个流通面积比管道狭窄的孔板或喷嘴，使流体经过该节流装置时，流束局部收缩，流速提高，压强（在工业中俗称压力）减小。流量越大，压差越大。利用差压传感器测量出节流前后的差压，就可以计算得到流量的大小。

在第五章里，主要给大家讲解了电容传感器的原理、特性和应用。本章的难点是压力、液位、流量的测量。

下面的单项选择题必须从原理的角度去理解。对于分析题，必须联系学过的电工、电子、机械以及检测技术的基本概念，进行综合思考。

思考题与习题

1. 单项选择题

1）在两片间隙为 1mm 的两块平行电极板的间隙中插入_____，可获得最大的电容量。

A. 塑料薄膜　　　　B. 干的纸　　　　C. 湿的纸　　　　D. 玻璃薄片

2）电子游标卡尺的分辨率可达 0.01mm，行程可达 200mm，它的内部所采用的是线性型的_____电容传感器。

A. 变极距式　　　　B. 变面积式　　　　C. 变介电常数式

3）在电容传感器中，若采用调频法测量转换电路，则电路中_____。

A. 电容和电感均为变量　　　　　　　　B. 电容是变量，电感保持不变

C. 电容保持常数，电感为变量　　　　　D. 电容和电感均保持不变

4）利用图 5-6 所示的结构，制作湿敏电容传感器，可以测量_____。

A. 空气的绝对湿度　　B. 纸张的含水量　　C. 空气的温度　　D. 空气的压力

5）轿车的保护气囊可用_____来控制。

A. 气敏传感器　　　　B. 荷重传感器　　　　C. 差动变压器　　　D. 电容式加速度传感器

6）图 5-12 中，当储液罐中装满液体后，电容差压变送器中的膜片_____。

A. 向左弯曲　　　　B. 向右弯曲　　　　C. 保持不动　　　　D. 破裂

7）自来水公司到用户家中抄自来水表数据，得到的是_____。

A. 瞬时流量，单位为 t/h　　　　　　　　B. 累积流量，单位为 t 或 m^3

C. 瞬时流量，单位为 kg/s　　　　　　　　D. 累积流量，单位为 kg

8）在图 5-15a 中，管道中流体的流速越快，压力就越_____。

A. 大　　　　　　　B. 小　　　　　　　C. 不变　　　　　　D. 等于零

9）在图 5-15a 中，管道中的流体自左向右流动时，_____。

A. $p_1 > p_2$　　　　B. $p_1 < p_2$　　　　C. $p_1 = p_2$

2. 利用分段电容传感器测量液位的光柱显示编码式液位计原理示意图如图 5-16 所示。玻璃连通器 3 的外圆壁上等间隔地套着 n 个不锈钢圆环，显示器采用 101 线 LED 光柱（第一线常亮，作为电源指示）。

1）该方法采用了电容传感器中变极距、变面积、变介电常数 3 种原理中的哪一种？

2）被测液体应该是导电液体还是绝缘体？

3）设 $n = 32$、$h_2 = 8m$，分别写出该液位计的分辨率（%）及分辨力（h_2/n，几分之一米）。

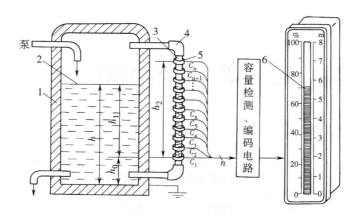

图 5-16　光柱显示编码式液位计原理示意图

1—储液罐　2—液面　3—玻璃连通器　4—钢质直角接头　5—不锈钢圆环　6—101 段 LED 光柱

4）设当液体上升到第 32 个不锈钢圆环的高度时，101 线 LED 光柱全亮。则当液体上升到第 8 个不锈钢圆环的高度时，共有多少线 LED（包括电源指示灯）被点亮？

3. 某两线制 4~20mA 电流输出型流量计的额定量程为 20t/h，求：

1）输出电流分别为 4 和 20mA 时的被测流量为多少 t/h？

2）若测得输出电流为零，可能有哪几个原因？

3）当取样电阻 R_L 取 250Ω 时，取样电阻两端的最大输出电压 U_o 为多少？

试 — 试

请在乘出租车时，向驾驶员了解轿车的碰撞保护功能。根据学过的知识，写出检测轿车碰撞的传感器名称和安装位置，该传感器的控制对象是什么？请画出示意图。

第六章 压电传感器

在这一章里，卡卡要给大家介绍压电传感器的基本原理、特性和应用，也集中讲一讲在工业领域里常会用到的振动测量。

在测量中，被测动态力和动态压力通过压电传感器变化转换为电荷量的变化，再经测量转换电路转换为输出电压。压电传感器是属于自发电型传感器。

第一节 压电传感器的工作原理及特征

小 实 验

我们先来看一个实验。在完全黑暗的环境中，将一块干燥的冰糖用榔头敲碎，可以看到冰糖在破碎的一瞬间，发出暗淡的蓝色闪光，这是强电场放电所产生的闪光，产生闪光的机理是晶体的压电效应。

一、压电效应

某些电介质在沿一定方向上受到外力的作用而变形时，其表面会出现电荷，当外力去掉后，电介质又重新回到不带电的状态，这种现象称为**压电效应**。反之，在电介质的极化方向上施加交变电压，它会产生机械振动，这种现象称为**逆压电效应**。

小 知 识

自然界中与压电效应有关的现象很多，例如在敦煌的鸣沙丘上，当许多游客在沙丘上蹦跳或从鸣沙丘上往下滑时，可以听到雷鸣般的隆隆声。产生这个现象的原因是无数干燥的沙子（SiO_2 晶体）在振动压力下，表面产生电荷，在某些时刻，恰好形成电压串联，产生很高的电压，并通过空气放电而发出声音。

在电子打火机中，多片串联的压电材料受到敲击，产生很高的电压，通过尖端放电，而点燃。

与此相反，在音乐贺卡中是利用集成电路的输出脉冲电压，来激励压电片，利用逆压电效应产生振动而发声。

具有压电效应的物质很多，如天然形成的石英晶体、压电陶瓷等压电材料受力后，表面产生电荷的示意图如图 6-1b 所示。

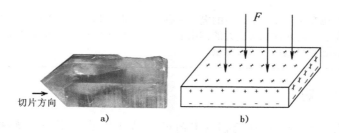

图 6-1　压电材料表面产生电荷的示意图
a）待切片的石英晶体　b）电荷极性与受力方向

压电材料受力后，其表面产生的电荷 Q（单位为 C，库仑）与所施加的交变力 F 成正比，若压电灵敏度为 d，则

$$Q = dF_x \tag{6-1}$$

二、压电材料的分类及特性

压电传感器中的压电材料主要有 3 类：**压电晶体**（石英晶体）、经过极化处理的**压电陶瓷**、**高分子压电材料**，特性如表 6-1 所示。

表 6-1　压电材料特性

压电材料	化学成分或缩写	灵敏度 $d/10^{-12}C \cdot N^{-1}$	使用温度/℃	灵敏度温度系数/℃$^{-1}$	用　　途
石英晶体	SiO_2	2.31	200	0.0001	标准高精度传感器
压电陶瓷	PZT	200 ~ 500	500	0.001	工业用或高灵敏度传感器
高分子压电材料	PVDF	100 ~ 1000	100	较差	廉价振动传感器、水声传感器、5GHz 以上超声传感器

第二节　压电传感器的测量转换电路

一、压电元件

压电元件在承受外力作用时，表面就产生电荷，因此它相当于一个电荷发生器或电荷源 Q。压电元件的符号如图 6-2 所示。

图 6-2　压电元件的符号

二、电荷放大器

　　电荷放大器是一种输出电压与输入电荷量 Q 成正比的电荷/电压转换器，它与压电传感器配套使用，可测量振动、冲击、压力等机械量，电荷放大器的输入端可配接长电缆，而不会受引线电缆分布电容的影响。电荷放大器电路如图 6-3a 所示。

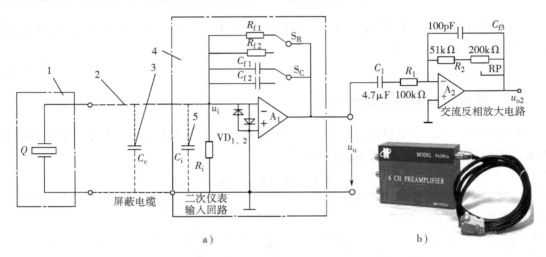

图 6-3　电荷放大器

a）电路　b）外形

1—压电传感器　2—屏蔽电缆线　3—电缆分布电容　4—电荷放大器　5—放大器输入电容

S_C—灵敏度选择开关　S_R—带宽选择开关　VD_1、VD_2—输入端保护二极管

　　电荷放大器的输出电压的有效值可由式（6-2）得到

$$U_o = \left| \frac{Q}{C_f} \right| \tag{6-2}$$

式中　Q——压电传感器产生的电荷；

　　　　C_f——并联在放大器输入端和输出端之间的反馈电容。

内部包括电荷放大器的便携式测振仪外形如图 6-4 所示。

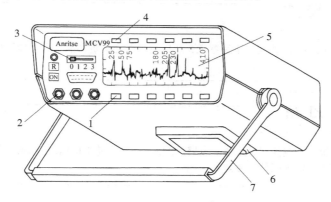

图 6-4　便携式测振仪外形

1—量程选择开关 S_C　2—压电传感器输入信号插座　3—多路选择开关

4—带宽选择开关 S_R　5—带背光点阵液晶显示器　6—电池盒　7—可变角度支架

想 一 想

在图6-4中，开关"ON"和"R"分别是什么功能？从开关3的档位可知，该便携式测振仪可以切换几路信号？在室外使用时，应使用什么电源？在室内使用时，应改用什么电源？

第三节　压电传感器的应用

压电传感器主要用于脉动力、冲击力、振动等动态参数的测量。

一、高分子压电材料的应用

1. 玻璃打碎报警装置

玻璃破碎时会发出几千赫甚至高于 20kHz（超声波）的振动。将高分子压电薄膜粘贴在玻璃上，可以感受到这一振动，并可将电压信号传送给集中报警系统。这种高分子压电薄膜振动感应片如图 6-5 所示。

2. 压电式周界报警系统

周界报警器最常见的是安装有报警器的铁丝网，但在民用部门常使用隐蔽的传感器。常用的有以下几种形式：地音式、高频辐射漏泄电缆式、红外激光遮断式、微波多普勒式、高分子压电电缆式等。高分子压电电缆周界报警系统如图 6-6 所示。

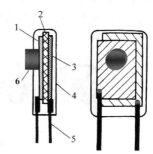

图 6-5　高分子压电薄膜振动感应片

1—正面透明电极　2—PVDF 薄膜　3—反面透明电极

4—保护膜　5—引脚　6—质量块

小贴士

由于感应片很小，且透明，不易察觉，所以可粘贴在贵重物品柜台、展览橱窗、博物馆及家庭玻璃窗角落处。

小知识

周界报警系统又称线控报警系统。它警戒的是一条边界包围的重要区域。当入侵者进入防范区之内时，系统就会发出报警信号。

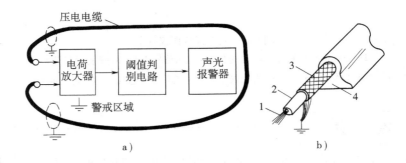

图 6-6　高分子压电电缆周界报警系统

a）原理框图　b）高分子压电电缆

1—铜芯线（分布电容内电极）　2—管状高分子压电塑料绝缘层

3—铜网屏蔽层（分布电容外电极）　4—橡胶保护层（承压弹性元件）

在警戒区域的四周埋设多根以高分子压电材料为绝缘物的单芯屏蔽电缆。屏蔽层接大地，它与电缆芯线之间以 PVDF 为介质而构成分布电容。当入侵者踩到电缆上面的柔性地面时，该压电电缆受到挤压，产生压电脉冲，引起报警。

二、压电陶瓷传感器的应用

图 6-7 所示为压电式单向动态力传感器，YDS-III79K 型压电石英三维力传感器特性指标如表 6-2 所示，利用单向动态力传感器测量刀具切削力的示意图如图 6-8 所示。

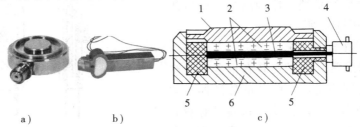

图 6-7　压电式单向动态力传感器

a）单向力传感器外形　b）切削力传感器外形　c）内部结构

1—传力上盖　2—压电片　3—电极　4—电极引出插头　5—绝缘材料　6—底座

表 6-2　YDS-Ⅲ79K 型压电石英力传感器特性指标

项　　目	数　　值	项　　目	数　　值
z 向测力范围/kgf[①]	±1000	固有频率/kHz	15 ~ 25
x、y 向测力范围/kgf	±200	非线性（%）	±1
分辨力/kgf	±0.001	横向干扰（%）	±5
灵敏度/pC·kgf	±40	温度系数/ %·℃$^{-1}$	−0.04
刚度/kgf	85	使用温度范围/℃	−60 ~ 120

① 1kgf = 10.2N。

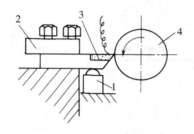

图 6-8　测量刀具切削力的示意图
1—单向动态力传感器　2—刀架　3—车刀　4—工件

切削过程中，车刀在切削力的作用下，上下剧烈颤动，将脉动力传递给单向动态力传感器。传感器的电荷变化量由电荷放大器转换成电压，再用记录仪记录下切削力的变化量。

第四节　振动的测量

小知识

物体围绕平衡位置作往复运动称为振动。

从振动对象来分，有机械振动（例如机床、电机、泵、风机等运行时的振动）；土木结构振动（房屋、桥梁等的振动）；运输工具振动（汽车、飞机等的振动）以及武器、爆炸引起的冲击振动等。

从振动的频率范围来分，有高频振动、低频振动和超低频振动等。

频率是分析振动的最重要内容之一。振动物体偏离平衡位置的最大距离称为振幅，用 x 表示，单位为mm；振动的速度用 v 表示，单位为m/s；加速度用 a 表示，单位为m/s^2 或 g。

测振用的传感器又称**拾振器**。它有接触式和非接触式之分。接触式中又有磁电式、电感式、压电式等。非接触式中又有电涡流式、电容式、霍尔式、光电式等。

一、压电式振动加速度传感器的结构

常用压电式振动加速度传感器如图 6-9 所示，某系列剪切式压电加速度计特性如表6-3

所示。

知识沙龙

　　压电式振动加速度传感器必须与被测振动加速度的机件紧固在一起。传感器受机械运动的振动加速度作用，压电晶片受到质量块惯性引起的交变力（$F=ma$），从而产生电荷。弹簧是给压电晶片施加预紧力的，以防损坏压电片。

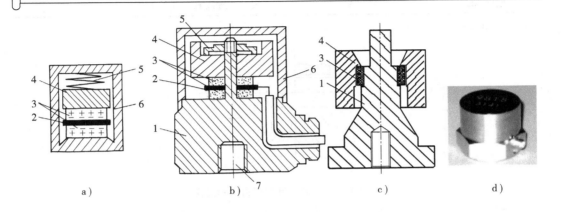

a) b) c) d)

图 6-9　常用压电式振动加速度传感器

a) 原理图　b) 中心压缩式压电加速度计传感器结构　c) 环形剪切式压电加速度计结构　d) 外形
1—基座　2—引出电极　3—压电晶片　4—质量块　5—弹簧　6—壳体　7—固定螺孔

表 6-3　某系列剪切式压电加速度计特性

型　号	电荷灵敏度 /pC (m·s⁻²)⁻¹	频率范围 /kHz	谐振点 /kHz	量程 /m·s⁻²	重量/g	安装螺孔 /mm	几何尺寸 /mm
SG1401	0.3	1~18	50	20000	3	M3	六方 7.6×14①
SG1408	0.002	1~20	60	300000	3	M5	六方 8×14
SG1406	400	0.1~0.5	2	500	160	M5	六方 36×26

① 该型号压电加速度计的安装底座为正六角形，"六方 7.6×14"中的"7.6"指该正六角形两个对边的间距。

二、压电振动加速度传感器的性能指标

（1）灵敏度 K　压电式加速度传感器属于自发电型传感器，它的输出为电荷量，以 pC 为单位（$1pC = 10^{-12}C$）。而输入量为加速度，单位为 m/s²，所以灵敏度以 pC/m·s⁻² 为单位。

在振动测量中，多数测量振动的仪器都用重力加速度 g 作为加速度单位，并在仪器的面板上以及说明书中标出，灵敏度的范围约为 $10 \sim 100pC/g$。

目前许多压电加速度传感器已将电荷放大器做在同一个壳体中，它的输出是电压，所

以许多压电加速度传感器的灵敏度单位为 mV/g，范围为 $10 \sim 1000 mV/g$。

（2）动态范围 常用的动态范围为 $0.1 \sim 100g$。测量冲击振动时应选用 $100 \sim 10000g$ 的高频加速度传感器；而测量桥梁、地基等微弱振动往往要选择 $0.001 \sim 10g$ 的高灵敏度低频加速度传感器。

三、压电加速度传感器的安装及使用

理论上压电加速度传感器应与被测振动体刚性连接。但在具体使用中，压电振动加速度传感器安装使用方法如图 6-10 所示。

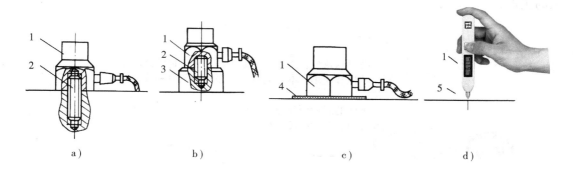

图 6-10 压电振动加速度传感器安装使用方法
a）双头螺钉固定法 b）磁铁吸附法 c）胶水粘结法 d）手持探针式法
1—压电式加速度传感器 2—双头螺栓 3—磁钢 4—黏接剂 5—顶针

1）用于长期监测振动机械的压电加速度传感器应采用双头螺栓牢固地固定在监视点上，如图 6-10a 所示。

2）短时间监测低频微弱振动时，可用磁铁将钢质传感器底座吸附在监测点上，如图 6-10b 所示。

3）测量更微弱的振动时，可以用环氧树脂或瞬干胶将传感器胶接在监测点上，如图 6-10c 所示。

4）在对许多测试点进行定期巡检时，也可采用手持探针式加速度传感器。使用时，用手握住探针，紧紧地抵触在监测点上，如图 6-10d 所示。此方法方便，但重复性差，使用频率上限在 500Hz 以下。

四、压电振动加速度传感器在汽车中的应用

想 一 想

在第五章的电容传感器应用中，曾提到差动电容式加速度传感器可以用于汽车碰撞时的人体保护，使气囊迅速充气。利用压电振动加速度传感器也可以实现同样的目的。请思考：若改用图6-9所示的压电式振动加速度传感器，则在汽车里应如何安装？与汽车的前进方向有怎样的关系？

汽车发动机中的气缸点火时刻必须十分精确。如果恰当地将点火时间提前一些，即有一个提前角，就可使汽缸中汽油与空气的混合气体得到充分燃烧，使扭矩增大，排污减少。但提前角太大时，或压缩比太高时，混合气体燃烧受到干扰或自燃，就会产生冲击波，发出尖锐的金属敲击声，称为爆震（俗称敲缸），可能使气缸部件过载、变形。

将类似于图6-9的压电式振动传感器安装在气缸体的侧壁上。当发生爆震时，传感器产生共振，输出尖脉冲信号（5kHz 左右）送到汽车发动机的电控单元（又称 ECU），进而推迟点火时刻，自动使点火时刻接近爆震区而不发生爆震，但又能使发动机输出尽可能大的扭矩。

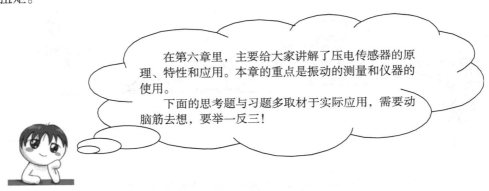

在第六章里，主要给大家讲解了压电传感器的原理、特性和应用。本章的重点是振动的测量和仪器的使用。

下面的思考题与习题多取材于实际应用，需要动脑筋去想，要举一反三！

思考题与习题

1. 单项选择题

1）将超声波（机械振动波）转换成电信号是利用压电材料的_____；蜂鸣器中发出"嘀……嘀……"声的压电片发声原理是利用压电材料的_____。

A. 应变效应   B. 电涡流效应   C. 压电效应   D. 逆压电效应

2）在实验室作检验标准用的压电仪表应采用_____压电材料；能制成薄膜，粘贴在一个微小探头上、用于测量人的脉搏的压电材料应采用_____；用在图6-9 所示的高灵敏度压电加速度传感器中，测量微小振动的压电材料应采用_____。

A. PTC   B. PZT   C. PVDF   D. SiO_2

3）使用压电陶瓷制作的力或压力传感器可测量_____。

A. 人的体重   B. 车刀的压紧力

C. 车刀在切削时感受到的切削力的变化量　　　　D. 自来水管中的水的压力

4）在电子打火机和煤气灶点火装置中，多片压电片采用_____接法，可使输出电压达上万伏，从而产生电火花。

A. 串联　　　　　　B. 并联　　　　　　C. 既串联又并联　　　　D. 既不串联又不并联

2. 用压电式加速度计及电荷放大器测量振动加速度，若传感器的灵敏度为70pC/g（g 为重力加速度），电荷放大器灵敏度为10mV/pC，试确定当输入为3g（平均值）加速度时，电荷放大器的输出电压 U，并计算此时该电荷放大器的反馈电容 C_f。

3. 振动式粘度计原理示意图如图6-11所示。导磁的悬臂梁6与铁心3组成激振器。压电片4粘贴于悬臂梁上，振动板7固定在悬臂梁的下端，并插入到被测粘度的粘性液体中。请分析该粘度计的工作原理，并填空。

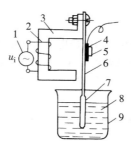

图 6-11　振动式粘度计原理示意图

1—交流励磁电源　2—励磁线圈　3—电磁铁心　4—压电片
5—质量块　6—悬臂梁　7—振动板　8—粘性液体　9—容器

1）当励磁线圈接到10Hz左右的交流激励源 u_i 上时，电磁铁心产生_____Hz（两倍的激励频率）的交变_____，并对_____产生交变吸力。由于它的上端被固定，所以它将带动振动板7在_____里来回振动。

2）液体的粘性越高，对振动板的阻力就越_____，振动板的振幅就越_____，所以它的加速度 $a_m = A_m \sin\omega t$ 就越_____，因此质量块5对压电片4所施加的惯性力 $F = ma$ 就越_____，压电片的输出电荷量 Q 或电压 U 就越_____，压电片的输出电荷反映了液体的粘度。

3）该粘度计的缺点是与温度 t 有关。温度升高，大多数液体的粘度变_____，所以将带来测量误差。

4. PVDF 压电电缆测速原理图如图6-12所示。两根高分子压电电缆（外形见6-6b）相距 $L = 2m$，平行埋设于柏油公路的路面下约50mm。可以用 PVDF 压电电缆来测量车速及汽车的超重，并根据存储在计算机内部的档案数据，判定汽车的车型。

现有一辆超重车辆以较快的车速压过测速传感器，两根 PVDF 压电电缆的输出信号如图6-12b所示，请分析填空。

1）前轮压过电缆 A，再压过电缆 B，从图6-12b可以看出，两个信号的时间差为_____ms，所以车速为_____m/s，即_____km/h。

2）前轮压过电缆 A 后，后轮也压过电缆 A，从图6-12b可以看出，前后轮先后产生的信号时间差为_____ms，根据车速，可以估算得到汽车前后轮间的轴距 d。

3）汽车载重量 m 越重，信号波形的幅度就越_____；车速 v 越快，信号波形的幅度就越_____。

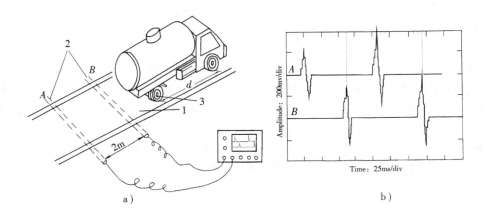

图 6-12　PVDF 压电电缆测速原理图

a）PVDF 压电电缆埋设示意图　b）A、B 压电电缆的输出信号波形

1—柏油公路　2—PVDF 压电电缆　3—车轮

搜一搜

请上网查阅有关"压电拾振"的网页资料，写出其中一种的型号及参数。

第七章　超声波传感器

在这一章里，卡卡要给大家介绍超声波的物理特性、超声波传感器的结构、探头耦合技术和超声波传感器的应用，也集中讲一讲在工业领域里比较常见的无损探伤。

超声波传感器的最大特点是量程范围比较大，多用于定性测量。

第一节　超声波的基本知识

一、超声波的概念

声波是一种机械波。当它的振动频率在 20Hz ~ 20kHz 的范围内时，可为人耳所感觉，称为**可闻声波**。低于 20Hz 的机械振动人耳不可闻，称为**次声波**，但许多动物却能感受到。比如地震发生前的次声波就会引起许多动物的异常反应。**频率高于 20kHz 的机械振动波称为超声波。**

二、超声波的特点

超声波的指向性好，不易发散，能量集中，因此穿透本领大，在穿透几米厚的钢板后，能量损失不大。

超声波在遇到两种介质的分界面（例如钢板与空气的交界面）时，能产生明显的反射和折射现象，这一现象类似于光波。超声波的**频率越高，其声场指向性就愈好**，与光波的反射、折射特性就越接近。

三、声速与指向性

超声波的传播速度如表 7-1 所示。温度越高，声速越慢。

表 7-1　常用材料的密度、声阻抗与声速　　　（环境温度为 0℃）

材　　料	密度 $\rho/10^3 kg \cdot m^{-1}$	声阻抗 $z/10MPa \cdot s^{-1}$	纵波声速 $c_L/km \cdot s^{-1}$	横波声速 $c_S/km \cdot s^{-1}$
钢	7.8	46	5.9	3.23
铝	2.7	17	6.3	3.1
铜	8.9	42	4.7	2.1
有机玻璃	1.18	3.2	2.7	1.2
甘油	1.26	2.4	1.9	—
水（20℃）	1.0	1.48	1.48	—
油	0.9	1.28	1.4	—
空气	0.0012	0.0004	0.34	—

四、声波的传播方式

（1）纵波　质点的振动方向与波的传播方向一致，这种波称为纵波，又称压缩波。人讲话时产生的声波就属于纵波。

（2）横波　质点的振动方向与波的传播方向相垂直，这种波称为横波，它只能在固体中传播。

（3）表面波　质点在固体表面的平衡位置上下振动，使振动波沿固体的表面向前传播，这种波称为表面波。

五、声波的指向性及指向角

超声波声源发出的超声波束以一定的角度逐渐向外扩散，声场指向性及指向角如图 7-1 所示。

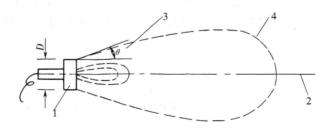

图 7-1　声场指向性及指向角

1—超声源　2—轴线　3—指向角　4—等强度线

例如，超声源的直径 $D=20\text{mm}$，射入钢板的超声波（纵波）频率为 5MHz，测得指向角 $\theta=4°$，可见该超声波声源的指向性是十分尖锐的。人声的频率（约几百赫）比超声波低得多，波长很长，指向角就非常大，所以可闻声波不太适合用于检测领域。

六、倾斜入射时的反射与折射

回顾一下

从物理学可知，当一束光线照到水面上时，有一部分光线会被水面所反射，剩余的能量射入水中，但前进的方向有所改变，称为折射。

当超声波以一定的入射角从一种介质传播到另一种介质的分界面上时，一部分能量反射回原介质，称为**反射波**；另一部分能量则透过分界面，在另一介质内继续传播，称为**折射波**或透射波，如图 7-2 所示。入射角 α 与反射角 α_r 以及折射角 β 之间遵循类似光学的反射定律和折射定律。

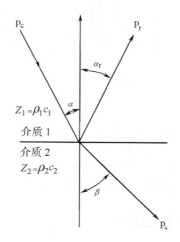

图 7-2　超声波的反射与折射

p_c—入射波　α—入射角　p_r—反射波　α_r—反射角　p_s—折射波　β—折射角

知识沙龙

如果入射声波的入射角 α 足够大时，将导致折射角 $\beta=90°$，则折射声波只能在介质分界面传播，折射波形将转换为表面波，这时的入射角称为临界角。如果入射声波的入射角 α 大于临界角，将导致声波的全反射。

第二节　超声波换能器及耦合技术

超声波换能器有时又称超声波探头。超声波换能器有压电式、磁致伸缩式、电磁式等数种，在检测技术中主要采用压电式。由于其结构不同，换能器又分为直探头、斜探头、双探头、表面波探头、聚焦探头、冲水探头、水浸探头、空气传导探头以及其他专用探头等，常用超声波探头结构如图7-3所示。

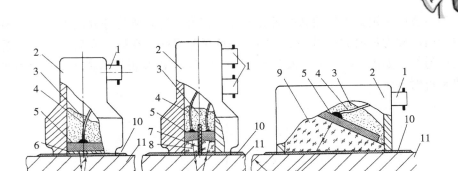

a)　　　　　　　　b)　　　　　　　　c)

图 7-3　超声波探头结构示意图

a）单晶直探头　b）双晶直探头　c）斜探头

1—接插件　2—外壳　3—阻尼吸收块　4—引线　5—压电晶体　6—保护膜
7—隔离层　8—延迟块　9—有机玻璃斜楔块　10—耦合剂　11—试件

一、以固体为传导介质的超声探头

（1）单晶直探头　用于固体介质的单晶直探头（俗称直探头）的结构如图7-3a所示。压电晶片采用 PZT 压电陶瓷材料（在第六章介绍过）制作。

发射超声波时，将500V 以上的高压电脉冲加到压电晶片上，利用逆压电效应，使晶片发射出一束频率落在超声范围内、持续时间很短的超声振动波，垂直透射到图 7-3a 中的试件内。

假设该试件为钢板，而其底面与空气交界，到达钢板底部的超声波的绝大部分能量被底部界面所反射。反射波经过一短暂的传播时间回到压电晶片。利用压电效应，晶片将机械振动波转换成同频率的交变电荷和电压。

由于衰减等原因，该电压通常只有几十毫伏，还要加以放大，才能在显示器上显示出该脉冲的波形和幅值。

（2）双晶直探头　其结构如图 7-3b 所示。它是由两个单晶探头组合而成，装配在同一壳体内。其中一片晶片发射超声波，另一片晶片接收超声波。

双晶探头的结构虽然复杂些，但检测精度比单晶直探头高，且超声信号的反射和接收的控制电路较单晶直探头简单。

（3）斜探头　有时为了使超声波能倾斜入射到被测介质中，可选用斜探头，如图7-3c所示。压电晶片粘贴在与底面成一定角度（如30°、45°等）的有机玻璃斜楔块上。

当斜楔块与不同材料的被测介质（试件）接触时，超声波产生一定角度的折射，倾斜入射到试件中去，折射角可通过计算求得。

二、以空气为传导介质的超声探头

空气传导型超声发生、接收器结构如图7-4所示。空气传导的超声发射器和接收器的有效工作范围可达几米至几十米。为获得较高灵敏度，并避开环境噪声干扰，空气超声探头选用40kHz的工作频率。

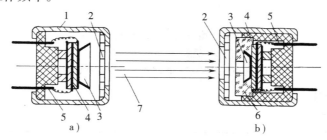

图7-4　空气传导型超声发生、接收器结构

a）超声发射器　b）超声接收器

1—外壳　2—金属丝网罩　3—锥形共振盘　4—压电晶片

5—引脚　6—阻抗匹配器　7—超声波束

三、耦合剂

小 贴 士

有时为了减少耦合剂的成本，可使用自来水。使用完毕，将水迹擦干即可。

在图7-3中，无论是直探头还是斜探头，一般不能直接将其放在被测介质（特别是粗糙金属）表面来回移动，以防磨损及杂乱反射波造成的干扰和衰减。为此，必须将接触面之间的空气排挤掉，使超声波能顺利地入射到被测介质中。

在工业中，经常使用一种称为耦合剂的液体物质，使之充满接触层，起到传递超声波的作用。常用的耦合剂有水、机油、甘油、水玻璃、胶水、化学浆糊等。

第三节　超声波传感器的应用

根据超声波的出射方向，超声波传感器的应用有两种基本类型，如图7-5所示。当超声发射器与接收器分别置于被测物两侧时，这种类型称为**透射型**。透射型可用于遥控器、防盗报警器、接近开关等。当超声发射器与接收器置于同侧的属于**反射型**，反射型可用于接近开关、测距、测液位或料位、金属探伤以及测厚等。

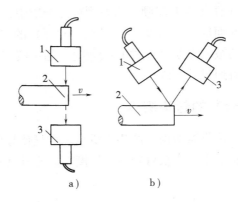

图 7-5　超声应用的两种基本类型

a）透射型　b）反射型

1—超声发射器　2—被测物　3—超声接收器

1. 超声波流量计

回 顾 一 下

　　流量的检测在第二章的作业以及第五章中均有介绍，比如热丝式气体流量计（风速仪）、差压节流式流量计等。

　　超声波流量计工作原理如图 7-6 所示。F_1、F_2 是完全相同的超声探头，涂抹耦合剂后紧固在管壁外面，通过电子开关的控制，交替地作为超声波发射器与接收器用。其中 F_1 发射的超声波是顺流传播的，而 F_2 发射的超声波是逆流传播，所以这两束超声波在液体中的传播速度不同。测量两接收探头上超声波传播的时间差 Δt、相位差 $\Delta \phi$ 或频率差 Δf 等方法，可测量出流体的平均速度及流量。

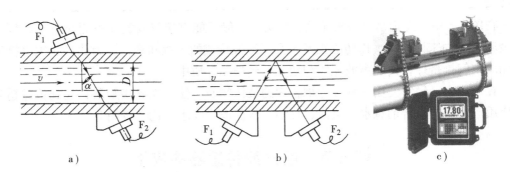

图 7-6　超声波流量计工作原理

a）透射型安装图　b）反射型安装图　c）外形

超声流量计的最大特点是：探头可装在被测管道的外壁，实现非接触测量，即不干扰流场，又不受流场参数的影响。其输出与流量基本上成线性关系，准确度一般可达 ±1%，其价格不随管道直径的增大而增加，因此特别适合大口径管道和混有杂质或腐蚀性液体的测量。

2. 超声波测厚

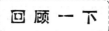

测量试件厚度的方法很多，比如第三章介绍的电感测微器等。

本节介绍的**超声波测厚仪**具有量程范围可达几米、携带方便等优点，它的缺点是测量准确度与材料的材质及温度有关。图 7-7 所示为便携式超声测厚仪示意图，它可用于测量钢及其他金属、有机玻璃、硬塑料等材料的厚度。

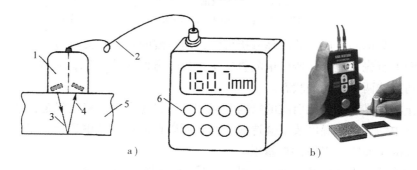

图 7-7 超声波测厚

a) 超声波测厚原理 b) 超声波测厚仪的使用

1—双晶直探头 2—引线电缆 3—入射波 4—反射波 5—试件 6—测厚显示器设定键

小 贴 士

对不同材质的试件，由于其声速 c 各不相同，所以测试前必须将 c 值从面板输入。

从图 7-7a 可以看到，双晶直探头左边的压电晶片发射超声脉冲进入被测试件，在到达试件底面时，被反射回来，并被右边的压电晶片所接收。这样只要测出从发射超声波脉冲到接收超声波脉冲所需的时间 t（扣除经两次延迟的时间），再乘上被测体的声速常数 c，就是超声脉冲在被测件中所经历的来回距离，从而可以求出厚度 δ，即

$$\delta = \frac{1}{2}ct \tag{7-1}$$

3. 超声波测量液位和物位

超声波液位计原理如图 7-8 所示，在液面上方安装空气传导型超声发射器和接收器。

根据超声波的往返时间就可以测出液体的液面。

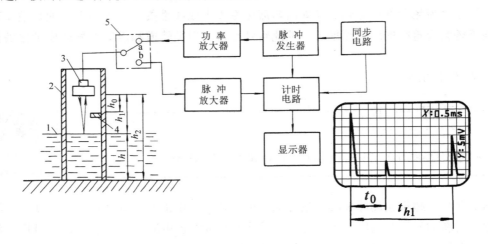

图 7-8　超声波液位计原理图

1—液面　2—直管　3—空气超声探头　4—反射小板　5—电子开关

由本章第二节单晶直探头的原理分析可知，超声波的发射和接收虽然均是利用同一块晶片，但时间上有先后之分，所以单晶直探头是处于分时工作状态，必须用图 7-8 所示的电子开关来切换这两种不同的状态。

为了防止液面晃动影响反射波的接收，可用直管将超声传播路径限定在某一空间内。

由于空气中的声速随温度改变会造成温漂，所以在传送路径中还设置了一个反射性良好的小板作标准参照物，以便计算修正。

上述方法除了可以测量液位外，也可以测量粉体和粒状体的物位。

4. 超声防盗报警器

图 7-9 所示为**超声防盗报警**电路。图中上、下分别为发射部分及接收部分的电气原理框图。它们装在同一块电路板上。发射器发射出频率 $f = 40\text{kHz}$ 左右的连续超声波。如果有人以相对速度 v 进入信号的有效区域，从人体反射回接收器的超声波将由于**多普勒效应**而发生频率偏移 Δf。

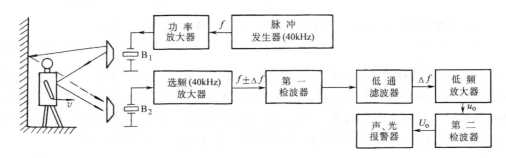

图 7-9　超声防盗报警器电气原理框图

图 7-9 中的接收器将收到两个不同频率的差拍信号——40kHz 的基频信号以及偏移频率为 $40\text{kHz} \pm \Delta f$ 的信号。这些信号由 40kHz 选频放大器放大，并经第一检波器检波后，由

知识沙龙

　　多普勒效应是指：当超声波源与传播介质之间存在相对运动时，接收器接收到的频率与超声波源发射的频率将有所不同。产生的频率偏移 ±Δf 与相对速度的大小及方向有关。当高速行驶的火车向你逼近和掠过时，所产生的变调声就是多普勒效应引起的。

　　利用多普勒效应可以排除墙壁、家具的影响(它们不会产生 Δf)，只对运动的物体起作用。由于振动和气流也会产生多普勒效应，故超声防盗报警器多用于室内。另外，还可运用多普勒效应去测量运动物体的速度，液体、气体的流速，汽车防碰、防追尾等。

低通滤波器滤去 40kHz 信号，而留下 Δf 的多普勒信号。此信号经低频放大器放大后，由第二检波器转换为直流电压，去控制声、光报警器。

第四节 无损探伤

一、无损探伤的基本概念

　　人们在长期研究、使用各种材料，尤其是金属材料的过程中，经常会遇到材料断裂和破裂的现象，它曾给人类带来许多灾难事故，例如泰坦尼克号船体破裂等。

　　材料和构件在冶炼、铸造、锻造、焊接、轧制和热处理等加工过程中产生的，例如气孔、夹渣、裂纹、焊缝等。这些微观和宏观缺陷的存在，大大降低了材料和构件的强度。

二、无损探伤的方法及分类

　　对上述缺陷的检测手段有破坏性试验探伤和无损探伤。由于无损探伤以不损坏被检验对象为前提，所以可以在设备运行过程中进行连续监测。

　　无损探伤的方法多种多样。例如，对于铁磁材料，可采用磁粉检测法；对导电材料，可用电涡流法；对非导电材料还可以用荧光染色渗透法。以上几种方法只能检测材料表面及接近表面的缺陷。

　　采用放射线（X 光、中子、δ 射线）照相检测法可以检测材料内部的缺陷，但对人体有较大的危害，且设备复杂，不利于现场检测。

　　除此之外，还有超声、红外、激光、声发射、微波、计算机断层成像技术（CT）等探伤手段。

　　超声波探伤是目前应用十分广泛的无损探伤手段。它既可检测材料表面的缺陷，又可检测材料内部几米深的缺陷，这是 X 光探伤所达不到的深度。

　　超声探伤目前可分为 A、B、C 等几种类型。

　　（1）**A 型超声探伤**　A 型探伤的结果以二维坐标图形式呈现。它的横坐标为时间轴，纵坐标为反射波强度。操作者可以从二维坐标图上分析出缺陷的深度、大致尺寸，但较难识别缺陷的性质、类型。

　　（2）**B 型超声探伤**　B 型超声探伤的原理类似于医学上的 B 超。它将探头的扫描距离作为横坐标，探伤深度作为纵坐标，以屏幕的辉度（亮度）来反映反射波的强度。它可以绘制被测材料的纵截面图形。

（3）**C 型超声探伤**　目前发展最快的是 C 型探伤，它类似于医学上的 CT 扫描原理。计算机控制探头中的三维晶片阵列（面阵），使探头在材料的纵、深方向上扫描，横截面图上各点的反射波强用颜色表示，因此可绘制出材料内部缺陷的横截面图。

利用复杂的算法，可以得到缺陷的立体图像和每一个断面的切片图像。利用三维动画原理，分析员可以在屏幕上以任意角度来观察缺陷的大小和走向。

三、A 型超声探伤

A 型超声探伤仪外形如图 7-10 所示。

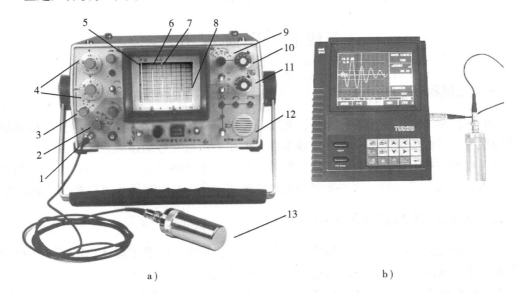

a)　　　　　　　　　　　　　　　　b)

图 7-10　A 型超声波探伤仪外形

a）台式 A 型探伤仪　b）便携式 A 型探伤仪

1—电缆插头座　2—工作方式选择　3—衰减细调　4—衰减粗调　5—发射波 T

6—第一次底反射波 B_1　7—第二次底反射波 B_2　8—第五次底反射波 B_5　9—扫描时间调节

10—扫描时间微调　11—脉冲 X 轴位置设定　12—报警扬声器　13—直探头

1. 直探头探伤

直探头探伤示意图如图 7-11 所示。将直探头涂抹耦合剂后，在工件上来回移动。探头发出 5MHz 左右的超声波，以一定速度向工件内部传播。如工件中没有缺陷，则超声波传到工件底部便产生反射，反射波到达表面后再次向下反射，周而复始，在荧光屏上出现发射波（始脉冲）T 和一系列底脉冲 B_1、B_2、B_3、…（见图 7-10 的屏幕显示）。B 波的高度与材料对超声波的衰减有关，因此可以用来判断试件的材质、内部晶体粗细等**微观缺陷**。

如工件中有缺陷，一部分声脉冲在缺陷处产生反射，另一小部分继续传播到工件底面产生反射，在荧光屏上除出现始脉冲 T 和底脉冲 B 外，还出现缺陷脉冲 F，如图 7-11b 所示。

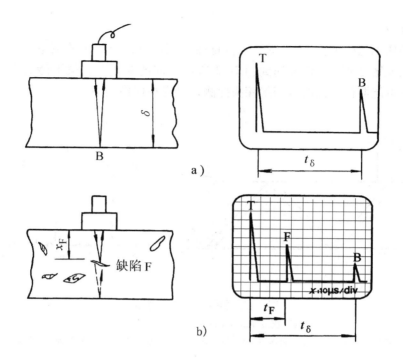

图7-11 直探头探伤示意图

a）无缺陷时超声波的反射及显示波形 b）有缺陷时超声波的反射及显示波形

荧光屏上的水平亮线为**扫描线**（时间基线），其长度与工件的厚度成正比（可调整），通过判断缺陷脉冲在荧光屏上的位置（div 数乘以扫描时间）可确定缺陷在工件中的深度。

通过缺陷**脉冲幅度**的高低差别可以判断**缺陷的大小**。如缺陷面积大，则缺陷脉冲 F 的幅度就高，而 B 脉冲的幅度就低。通过移动探头还可确定缺陷大致长度和走向。

算一算

图7-11b中，显示器的 X 轴为 $10\mu s/div$（格），现测得B波与T波的距离为10格，F波与T波的距离为3.5格。求：

1）t_δ 及 t_F；

2）钢板的厚度 δ 以及缺陷与表面的距离 x_F。

卡卡算出来了：

1）$t_\delta=(10\mu s/div)\times 10div=100\mu s=0.1ms$，$t_F=(10\mu s/div)\times 3.5div=35\mu s=0.035ms$

2）查表7-1得到纵波在钢板中的声速 $c_L=5.9\times 10^3 m/s$，则：

$$\delta=t_\delta\times c_L/2=\frac{(0.1\times 10^{-3}\times 5.9\times 10^3)}{2}m=0.3m$$

$$x_F=t_\delta\times c_F/2=\frac{(0.035\times 10^{-3}\times 5.9\times 10^3)}{2}m=0.1m$$

2. 斜探头探伤

斜探头探伤示意图如图 7-12 所示。在直探头探伤时，当超声波束中心线与缺陷截面垂直时，探测灵敏度最高。但如遇到图 7-12 所示方向的缺陷时，就不能真实反映缺陷的大小，甚至有可能漏检。这时若用斜探头探测，可提高探伤效率。

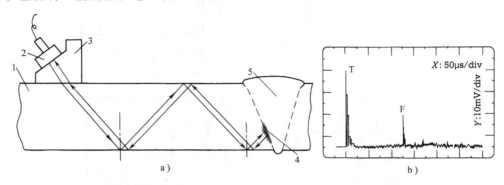

图 7-12　斜探头探伤示意图

a）横波在试件中的传播　b）缺陷回波

1—试件　2—斜探头　3—斜楔块　4—斜向缺陷（焊渣或气孔）　5—V 形焊缝中的焊料

如果整块试件均没有大的缺陷，则横波在钢板的上下表面之间逐次反射，直至到达试件的端面为止。所以只要调节显示器的 X 轴扫描时间（ms/div），就可以很快地将整个试件粗检一遍。在有怀疑的位置，再用直探头仔细探测。

图 7-12b 所示为两块钢板电弧焊的焊缝中存在焊渣时的缺陷波形。

超声波在其他领域还有许多应用，如用超声波进行液体雾化、机械加工、清洗及焊接等；将超声波传感器装在鱼船上可帮助渔民探测鱼群；将超声波传感器装在汽车上可帮助驾驶员在倒车时观测安全距离；也可用超声波传感器测量车速等等。

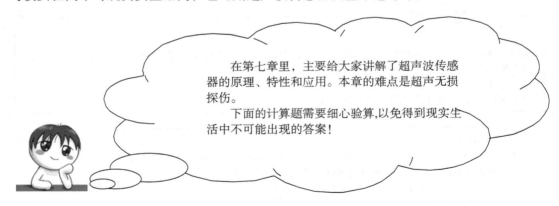

在第七章里，主要给大家讲解了超声波传感器的原理、特性和应用。本章的难点是超声无损探伤。

下面的计算题需要细心验算，以免得到现实生活中不可能出现的答案！

思考题与习题

1. 单项选择题

1）超声波频率越高，_____。

A. 波长越短，指向角越小，方向性越好　　　B. 波长越长，指向角越大，方向性越好

C. 波长越短，指向角越大，方向性越好　　　D. 波长越短，指向角越小，方向性越差

2）超声波在有机玻璃中的声速比在水中的声速_____，比在钢中的声速_____。

A. 快　　　　　　　　B. 慢　　　　　　　　C. 一样

3）单晶直探头发射超声波时，是利用压电晶片的_____，而接收超声波时是利用压电晶片的_____，发射在_____，接收在_____。

A. 压电效应　　　B. 逆压电效应　　　C. 电涡流效应　　　D. 先

E. 后　　　　　　　F. 同时

4）大面积钢板探伤时，耦合剂应选_____为宜；机床床身探伤时，耦合剂应选_____为宜；给人体做 B 超时，耦合剂应选_____。

A. 自来水　　　　　B. 机油　　　　　C. 液体石蜡　　　　D. 化学浆糊

5）钢板探伤时，超声波的频率多为_____，在房间中利用空气探头进行超声防盗时，超声波的频率多为_____。

A. 20Hz～20kHz　　　B. 35～45kHz　　　C. 1.5～10MHz　　　D. 100～500MHz

6）A 型探伤时，显示图像的 X 轴为_____，Y 轴为_____。

A. 时间轴　　　　　B. 扫描距离　　　　　C. 反射波强度　　　　D. 探伤的深度

E. 探头移动的速度

7）在 A 型探伤中，F 波幅度较高，与 T 波的距离较接近，说明_____。

A. 缺陷横截面积较大，且较接近探测表面

B. 缺陷横截面积较大，且较接近底面

C. 缺陷横截面积较小，但较接近探测表面

D. 缺陷横截面积较小，但较接近底面

8）对港口吊车吊臂深部的缺陷定期探伤，宜采用_____；对涂覆防锈漆的输油管外表面缺陷探伤，可采用_____。

A. 电涡流　　　　　B. 超声波　　　　　C. 测量电阻值　　　　D. X 光

E. 荧光染色渗透

2. 利用 A 型探伤仪测量一根某大部分埋入地下的钢制 $\phi0.5m$、长约数米的柱状物的长度，从图 7-11b的显示器中测得 B 波与 T 波的时间差为 10 格，显示器的 X 轴为 $50\mu s/div$（格），求：

1）t_δ 为多少 ms？

2）该柱状物的长度为多少 m？

3. 图 7-13 是汽车倒车防碰装置的示意图。请根据学过的知识，分析该装置的工作原理。并说明该装置还可以有其他哪些用途？

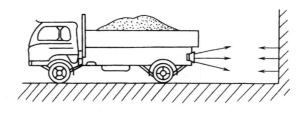

图 7-13　汽车倒车防碰超声装置的示意图

4. 请参考图 7-9 的原理，构思一台枪形超声波多普勒远距离汽车车速测试仪。

1）请画出外形图（包括瞄准装置、电源开关、液晶显示器等，可以上网查阅有关资料）及与汽车的关系图。

2）试写出使用说明书。

搜一搜

第四题有点难哦！

你可以到网络上找一找"电子警察"的资料，再发挥你的想象力，一定能做出来！

多思考，多上网，就能提高你的搜索技巧，而且能扩展你的知识面。

第八章　霍尔传感器

在这一章里,卡卡要给大家介绍霍尔传感器的原理、特性、霍尔集成电路(霍尔IC)及其应用。霍尔IC可以用于测量地球磁场,制成电罗盘;将霍尔IC夹在环形铁心的缺口中,可以制成大电流变送器。霍尔传感器还广泛用于高斯计、无刷电动机、接近开关中。

霍尔传感器的最大特点是非接触测量。

第一节　霍尔元件的工作原理及特性

小知识

1879年,美国物理学家霍尔经过大量的实验发现:如果让一恒定电流通过一金属薄片,并将薄片置于强磁场中,在金属薄片的另外两侧将产生与磁场强度成正比的电动势。这个现象后来被人们称为霍尔效应。由于这种效应在金属中非常微弱,当时并没有引起人们的重视。1948年以后,由于半导体技术迅速发展,人们找到了霍尔效应比较明显的半导体材料,并制成了锑化铟、硅、砷化镓等材料的霍尔元件。

一、工作原理

金属或半导体薄片置于磁感应强度为 B 的磁场中,磁场方向垂直于薄片,当有电流 I 流过薄片时,在垂直于电流和磁场的方向上将产生电动势 E_H,这种现象称为**霍尔效应**,该电动势称为**霍尔电动势**,这种半导体薄片称为**霍尔元件**,用霍尔元件做成的传感器称为**霍尔传感器**。霍尔元件如图 8-1 所示。

霍尔元件是**四端元件**。其中 a、b 端称为**激励电流端**,c、d 端称为**霍尔电动势输出端**,c、d 端应处于侧面的中点。

若磁感应强度 B 不垂直于霍尔元件,而是与其法线成某一角度 θ 时,实际上作用于霍尔元件上的有效磁感应强度是其法线方向（与薄片垂直的方向）的分量,即 $B\cos\theta$,则霍尔电动势可以表示为

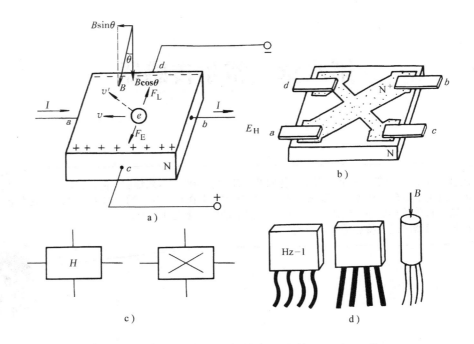

图 8-1　霍尔元件

a）霍尔效应原理图　b）薄膜型霍尔元件结构示意图　c）图形符号　d）外形

兴趣平台

工作时，在激励电流端通入电流 I，并将薄片置于磁场中。设该磁场垂直于薄片，磁感应强度为 B，这时电子将受到洛仑兹力 F_L 的作用，向内侧偏移，该侧形成电子的堆积，从而在薄片的 c、d 方向产生霍尔电动势。

$$E_H = K_H I B \cos\theta \tag{8-1}$$

从式 8-1 可知，霍尔电动势与输入电流 I、磁感应强度 B 成正比，且当 B 的方向改变时，霍尔电动势的方向也随之改变。如果所施加的磁场为交变磁场，则霍尔电动势为同频率的交变电动势。

目前常用的霍尔元件材料是 N 型硅，它的灵敏度、温度特性、线性度均较好，而锑化铟（InSb）、砷化铟（InAs）、锗（Ge）、砷化镓（GaAs）等也是常用的霍尔元件材料。

较实用的薄膜型霍尔元件，如图 8-1b 所示。它由衬底、十字形薄膜、引线（电极）及塑料外壳等组成。

霍尔元件的壳体可用塑料、环氧树脂等制造，封装后的外形如图 8-1d 所示。

二、特性参数

典型的砷化镓霍尔器件主要参数如表 8-1 所示。

表 8-1　典型的砷化镓霍尔器件主要参数

项　　目	符　号	测 试 条 件	典型值	单　　位
额定功耗	P_0	$T = 25℃$	25	mW
开路灵敏度	K_H	$I_H = 1\text{mA}$，$B = 1\text{kGs}$①	20	mV/（mA·kGs）
不等位电动势	U_0	$I_H = 1\text{mA}$，$B = 0$	0.1	mV
最大工作电流	I_m	$t = 60℃$	20	mA
最大磁感应强度	B_m	$I_m = 10\text{mA}$	7	kGs
输入电阻	R_i	$I_H = 0.1\text{mA}$，$B = 0$	500	Ω
输出电阻	R_o		500	Ω
线性度	γ_L	$B = 0 \sim 20\text{kGs}$，$I_H = 1\text{mA}$	0.2	%
内阻温度系数	a	$I_H = 0$，$B = 0$，	0.3	%/℃
灵敏度温度系数	b	$t = -50 \sim 70℃$	1.0	10^{-4}/℃
霍尔电动势温度系数	c	$I_H = 1\text{mA}$，$B = 1\text{kGs}$， $t = -50 \sim 70℃$	-0.1	%/℃
工作温度	t	$-40 \sim +125$		℃

① $1\text{kGs} = 0.1\text{T}$。

第二节　霍尔集成电路

随着微电子技术的发展，目前霍尔器件多已集成化。**霍尔集成电路**（又称**霍尔 IC**）有许多优点，如体积小、灵敏度高、输出幅度大、温漂小、对电源稳定性要求低等。

霍尔集成电路可分为线性型和开关型两大类，分别如图 8-2、图 8-4 所示，输出电压与磁场的关系曲线分别如图 8-3、图 8-5 所示。

回顾一下

模拟电子学研究的是线性电子电路，涉及连续变化的物理量，利用信号的大小、强弱来表示信息的内容。

数字电路研究的是脉冲电路和数字逻辑电路，涉及断续变化的物理量，利用高低电平或电路的通断来表示信息的有或无。

线性型霍尔电路将霍尔元件和恒流源、**精密线性差动放大器**等做在一个芯片上，输出电压为伏特级，比直接使用霍尔元件方便得多。较典型的线性霍尔器件如 UGN3501 系列等。

开关型霍尔集成电路将霍尔元件、稳压电路、放大器、**施密特触发器**（具有回差特性）、OC 门（集电极开路输出门）等电路做在同一个芯片上。当外加磁场强度超过规定的工作点时，OC 门由高阻态变为导通状态，输出变为低电平；当外加磁场强度低于释放点时，OC 门重新变为高阻态。这类器件中较典型的有 UGN3020、3022 系列等。

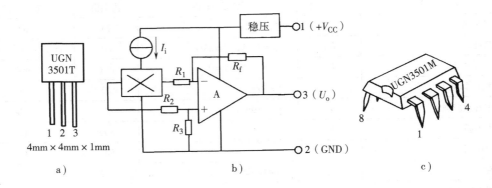

图 8-2　线性型霍尔集成电路

a) 外形尺寸　b) 内部电路框图　c) 双端差动输出型外观

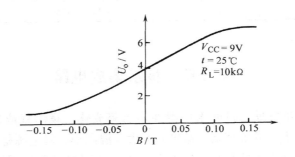

图 8-3　线性型霍尔集成电路输出特性

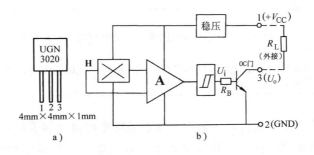

图 8-4　开关型霍尔集成电路

a) 外形尺寸　b) 内部电路框图

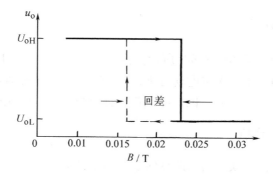

图 8-5 开关型霍尔集成电路的施密特输出特性

第三节 霍尔传感器的应用

一、霍尔特斯拉计

霍尔特斯拉计（也称为高斯计）可用于测量直流磁场、交流磁场的磁感应强度，永磁材料表面磁场、直流电机、扬声器、磁选机的工作磁场，可应用于检测机械加工后物品残留磁性、检测磁极分布、产品退磁后剩余磁场、检测电磁场的漏磁等。高斯计的外形如图 8-6 所示，HT23 数字特斯拉计技术指标如表 8-2 所示。

图 8-6 高斯计外形

表 8-2 HT23 数字特斯拉计技术指标

参 数	指 标	参 数	指 标
量程范围/mT[①]	0 ~ 200 ~ 2000	供电电源/V	9V 叠层电池
基本误差	1% ±3 个字（1000mT 以下）	环境温度/℃	5 ~ 40
分辨力/mT	DC：0.01	相对湿度（%）	20 ~ 80
	AC：0.1		
仪器重量/g	300	外形尺寸/mm	160 × 88 × 36
显示方式	4½ LCD		

① 1mT = 10Gs。

二、角位移测量仪

角位移测量仪结构示意图如图 8-7 所示。霍尔 IC 器件与被测物联动，而霍尔器件又在一个恒定的磁场中转动，于是霍尔电动势 E_H 就反映了被测物转动角度 θ 的变化。这个变化是非线性的（E_H 正比于 $\cos\theta$），因此必须使用计算机进行线性化处理。

三、霍尔无刷电动机

传统的直流电动机使用换向器来改变转子（或定子）的电枢电流的方向，以维持电动机的持续运转。霍尔无刷电动机取消了换向器和电刷，而采用霍尔元件来检测转子和定子之间的相对位置，其输出信号经放大、整形后触发电子线路，从而控制电枢电流的换向，维持电动机的正常运转。图 8-8 所示为霍尔无刷电动机的结构示意图。

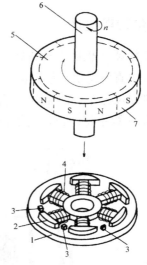

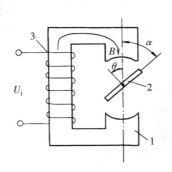

图 8-7　角位移测量仪结构示意图
1—极靴　2—霍尔器件　3—励磁线圈

图 8-8　霍尔无刷电动机结构示意图
1—定子底座　2—定子铁心　3—霍尔元件
4—线圈　5—外转子　6—转轴　7—磁极

由于无刷电动机不产生电火花及电刷磨损等问题，所以它在录像机、CD 唱机、光驱等家用电器中得到越来越广泛的应用。

四、霍尔接近开关

回顾一下

在第四章里曾介绍过接近开关的基本概念。接近开关能在一定的距离内检测有无物体靠近。

　　用霍尔IC器件也能实现接近开关的功能，但是它只能用于**铁磁材料**，并且还需要**建立一个较强的闭合磁场**。

　　霍尔接近开关应用示意图如图8-9所示。在图8-9b中，磁极的轴线与霍尔接近开关的轴线在同一直线上。当磁铁随运动部件移动到距霍尔接近开关几毫米时，霍尔接近开关的输出由高电平变为低电平，经驱动电路使继电器吸合或释放，控制运动部件停止移动（否则将撞坏霍尔接近开关），从而起到限位的作用。

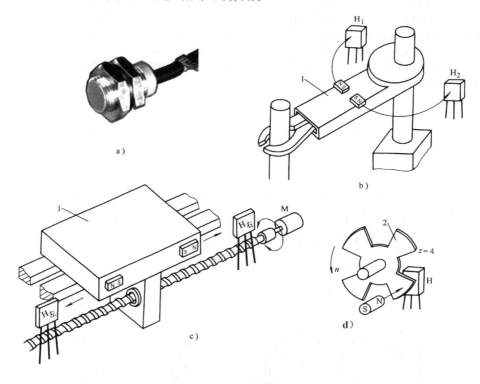

图8-9　霍尔接近开关应用示意图
a）外形　b）接近式　c）滑过式　d）分流翼片式
1—运动部件　2—软铁分流翼片

　　图8-9c与图8-9b的不同之处在于当磁铁滑过霍尔接近开关并继续向前运动时，与霍尔接近开关的距离又重新拉大，不存在损坏霍尔接近开关的可能。

　　在图8-9d中，磁铁和霍尔接近开关保持一定的间隙、均固定不动。软铁制作的分流翼片与运动部件联动。当它移动到磁铁与霍尔接近开关之间时，磁力线被屏蔽（分流），致使此时霍尔接近开关的输出跳变为高电平。改变分流翼片的宽度可以改变霍尔接近开关的高电平与低电平的占空比。电梯轿厢与地面齐平的"平层"动作也是利用分流翼片的原理。

五、霍尔电流变送器

　　霍尔电流变送器具有电流互感器无法比拟的优点。例如，能够测量直流电流，弱电回路与主回路隔离，容易与计算机接口，不会产生过电压等，因而广泛应用于自动控制系统中电流的检测和控制。

知 识 沙 龙

　　电流互感器是一种电流变换装置。它将大电流变成电压较低的小电流，供给仪表和继电保护装置，并将仪表及保护装置与高压电路隔离开来。电流互感器的二次侧电流多为5A。

　　电流互感器的工作原理和变压器相似，是由铁心、一次绕组、二次绕组、接线端子及绝缘支撑物等组成。电流互感器的一次绕组的匝数较少，串接在需要测量电流的线路中，允许流过较大的被测电流。二次绕组的匝数较多，串接在测量仪表或继电保护回路中。

　　电流互感器的二次回路不允许开路，否则二次绕组将产生很高的感应电压，威胁人身安全，造成仪表、保护装置、互感器二次绝缘等的损坏。

（1）霍尔电流变送器的工作原理　用一环形（有时也可以是方形）导磁材料作成铁心，包围在被测电流流过的导线（也称电流母线）上，导线电流感生的磁场聚集在铁心中。

霍尔电流变送器原理及外形如图 8-10 所示。在铁心上开一与霍尔传感器厚度相等的气隙，将霍尔 IC 紧紧地夹在气隙中央。电流母线通电后，磁力线就集中通过铁心中的霍尔 IC，因此，霍尔 IC 便可输出与被测电流成正比的检测电压或电流。

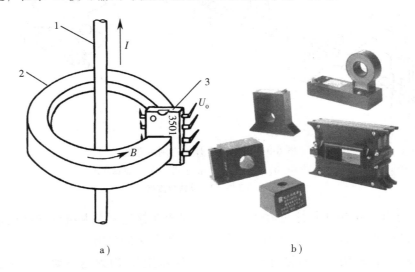

图 8-10　霍尔电流变送器原理及外形
a）基本原理　b）外形
1—被测电流母线　2—铁心　3—线性霍尔 IC

（2）特性参数　霍尔电流变送器可以测量高达 2000A 的电流；电流的波形可以是高达 100kHz 的正弦波，甚至是电工技术中较难测量的高频窄脉冲；同时它也可以测量低频电流信号，甚至是直流电流。

霍尔电流变送器的输出有电压型和电流型之分。

小 贴 士

霍尔电流变送器的"一次侧"与"二次侧"电路之间的击穿电压可以高达6kV，有很好的隔离作用，所以可直接将"二次侧"的输出信号接入计算机。

电流型变送器的输出电流称为"二次侧电流"I_S（霍尔传感器中实际上并不存在二次侧），I_S一般被设置为很小的数值，只有 $10 \sim 500$mA。

如果将一只负载电阻 R_S 并联在"二次侧"的输出电流端，就可以得到一个与"一次侧电流"（被测电流）成正比的、大小为几伏的电压输出信号，即实现电压型变送器。PAS—JIB500A 型霍尔电流变送器特性参数如表 8-3 所示。

表 8-3 PAS-JIB500A 型霍尔电流变送器特性参数

参　　　数	指　　标	参　　　数	指　　　标
额定输入电流/A	500	额定输出电压/V	10
允许超限范围（%）	120	失调电压/mV	<50
准确度（%）	0.5	输出电压响应时间/ms	≤350
线性度（%）	0.1	电源电压/V	±15（1±15%）
电流输出型匝数比	1:1000	绝缘电压/kV	5（50Hz，1min）
零电流失调/mA	±0.1	使用温度/℃	-40 ~ 85
输出电流响应时间/μs	<1	储存温度/℃	-55 ~ 125
di/dt 跟随精度/(A/μs)	>50	阻燃特性	UL94—V0

霍尔传感器的用途还有许多，已经面世的还有霍尔电压传感器、霍尔电能表、霍尔液位计、霍尔加速度计等。

在第八章里,主要给大家讲解了霍尔传感器的原理、特性和应用。本章的难点是霍尔电流变送器。

下面的思考题与习题不但要认真完成，还要争取都记下来，因为它们可是你将来在工作岗位大显身手的法宝哟!

思考题与习题

1. 单项选择题

1）属于四端元件的_____。

  A. UGN3501   B. 压电晶片   C. 霍尔元件   D. 热敏电阻

  2）公式 $E_H = K_H IB\cos\theta$ 中的 θ 是指_____。

  A. 磁力线与霍尔薄片平面之间的夹角   B. 磁力线与霍尔元件内部电流方向的夹角

  C. 磁力线与霍尔薄片的垂线之间的夹角

  3）磁场垂直于霍尔薄片，磁感应强度为 B，但磁场方向与图 8-1a 相反（$\theta = 180°$）时，霍尔电动势_____，因此霍尔元件可用于测量交变磁场。

  A. 绝对值相同，符号相反   B. 绝对值相同，符号相同

  C. 绝对值相反，符号相同   D. 绝对值相反，符号相反

  4）OC 门的基极输入为低电平、其集电极不接上拉电阻时，集电极的输出为_____。

  A. 高电平   B. 低电平   C. 高阻态   D. 对地饱和导通

  5）为保证测量精度，图 8-3 中的线性霍尔 IC 的磁感应强度不宜超过_____。

  A. 0T   B. ±0.10T   C. ±0.15T   D. ±100Gs

  6）在图 8-5 中，当磁铁从远处逐渐靠近 UGN3020，磁感应强度大于 0.023T 时，输出翻转，此时第 3 脚的输出为_____电平，输出电压为 0.3V。当磁铁再次逐渐远离 UGN3020，降到 0.02T 时，UGN3020 第 3 脚的输出仍为_____电平，直至磁感应强度减小到 0.016T 时，UGN3020 才再次翻转，第 3 脚的输出跳变为_____电平（约等于 V_{cc}）。回差为_____T，相当于 70Gs。

  A. 高   B. 零   C. 低   D. 0.007

  E. 0.016   F. 0.023

  7）某霍尔电流变送器的额定匝数比为 1/1000，额定电流值为 100A，被测电流母线直接穿过铁心，测得二次侧电流为 0.05A，则被测电流为_____A。

  A. 0.1   B. 50   C. 0.05×10^{-3} D. 0.05

  2. 请在分析图 8-6 ~ 图 8-10 的工作原理之后，说出这几个霍尔传感器的应用实例中，哪几个只能采用线性霍尔集成电路，哪几个可以用开关型霍尔集成电路？

  3. 图 8-11 所示为霍尔交直流钳形表的结构示意图，请分析其原理并填空。

图 8-11　霍尔交直流钳形表

  1）夹持在铁心中的导线电流越大，根据右手定则，产生的磁感应强度 B 就越_____，紧夹在铁

心缺口（在钳形表内部，图中未画出）中的霍尔元件产生的霍尔电动势也就越_____，因此该霍尔电流变送器的输出电压与被测导线中的电流成_____关系。

2）由于被测导线与铁心、铁心与霍尔元件之间是绝缘的，所以霍尔电流变送器不但能传输和转换被测电流信号，而且还能在被测电路与弱电回路之间起到_____作用，使后续电路不受强电的影响（例如击穿、漏电等）。

3）由于霍尔元件能响应静态磁场，所以霍尔交直流钳形表与交流电流互感器相比，关键的不同之处是能够_____。

4）如果该电流传感器的额定电流为1000A，准确度等级为1.0级，则可能出现的最大绝对误差为_____A。

4. 工程中，经常需要将直流 0～500V 的电压以一定的准确度、线性地转换成 0～5V。请参考图 8-7、图 8-10 及图 8-11 的基本工作原理，谈谈霍尔电压传感器与交流电压互感器在结构和用途上的区别。

搜一搜

请上网查阅有关"霍尔钳形表"的网页资料，写出其中一种的型号和参数。

第九章 热电偶传感器

在这一章里，卡卡要给大家介绍有关温度、温标等一些基本概念和基本的测温方法，着重介绍热电偶传感器的原理、分类、特性及其应用。

热电偶传感器属于自发电型传感器。

第一节 温度测量的基本概念

小知识

开尔文是英国著名的物理学家。一百多年前，他建立了热力学温度标度，也称为绝对温标。这种标度的分度距离同摄氏温标的分度距离相同。它的零度，即物质世界可能的最低温度，相当于摄氏零下273度（精确数为–273.15℃），称为绝对零度。要换算成绝对温度，只需在摄氏温度上再加273即可。0K温度永远不会达到，今天的科学家对低温的研究已经非常接近这一极限了。

一、温度的概念

温度是国际单位制七个基本量之一，是表征物体**冷热程度**的物理量。

二、温标的概念

温度的**数值表示方法**称为温标。它规定了温度的读数的起点（即零点）以及温度的单位。各类温度计的刻度均由温标确定。

三、常用的温标种类

1. 摄氏温标（℃）

摄氏温标把在标准大气压下冰的熔点定为零度（0℃），把水的沸点定为 100 度

（100℃）。在这两固定点间划分一百等分，每一等分为摄氏一度，符号为 t。

小贴士

最舒适的温度是20℃，此时的华氏温度为68°F。西方国家在日常生活中经常使用华氏温标。

---

2. 华氏温标（℉）

华氏温标规定在标准大气压下，冰的熔点为32℉，水的沸点为212℉，两固定点间划分180个等分，每一等分为华氏一度，符号为 θ。

3. 热力学温标（K）

热力学温标的符号是 T，其单位是开尔文（K）。水的三相点（气、液、固三态同时存在且进入平衡状态时的温度）温度为273.16K，把从绝对零度到水的三相点之间的温度均匀分为273.16格，每格为1K。例如，100℃时的热力学温度 T 为373.15K。

4. 1990 国际温标（ITS—90）

从1990年1月1日开始在全世界范围内采用1990年国际温标，简称ITS—90。

ITS—90定义了一系列温度的固定点，测量和重现这些固定点的标准仪器以及计算公式。

按ITS—90的规定，氢的三相点为13.8033K、水的三相点为273.16K（1℃）、银的凝固点为961.78℃、金的凝固点为1064.18℃。

四、温度传感器的种类

常用测温传感器的名称、所利用的原理、测温范围和特点如表9-1所示。

表9-1 温度传感器的种类及特点

所利用的物理现象	传感器类型	测温范围/℃	特　　点
体积热膨胀	气体膨胀温度计 液体压力温度计 玻璃水银温度计 双金属片温度计	−250 ~ 1000 −200 ~ 350 −50 ~ 350 −50 ~ 300	不需要电源，耐用；但感温部件体积较大
接触热电动势	钨铼热电偶 铂铑热电偶 其他热电偶	1000 ~ 2100 200 ~ 1800 −200 ~ 1200	自发电型，标准化程度高，品种多，可根据需要选择；需进行冷端温度补偿
电阻的变化	铂热电阻 热敏电阻	−200 ~ 900 −50 ~ 300	标准化程度高；但需要接入桥路才能得到输出电压
PN 结结电压	硅半导体二极管 （半导体集成温度传感器）	−50 ~ 150	体积小，线性好，−2mV/℃；但测温范围小
温度-颜色	示温涂料 液晶	−50 ~ 1300 0 ~ 100	面积大，可得到温度图像；但易衰老，准确度低
光辐射 热辐射	红外辐射温度计 光学高温温度计 热释电温度计	−50 ~ 1500 500 ~ 3000 0 ~ 1000	非接触式测量，反应快；但易受环境及被测体表面状态影响，标定困难

第二节 热电偶传感器的工作原理与分类

一、热电效应

1821年，德国物理学家赛贝克发现：在两种不同金属组成的闭合回路中，用酒精灯加热其中一个接触点（称为结点），放在回路中央的指南针会发生偏转，如图9-1a所示。如果用两盏酒精灯对两个结点同时加热，指南针的偏转角反而减小。显然，指南针的偏转说明了回路中有电动势产生并有电流在回路中流动，电流的强弱与两个结点的温差有关。我们也可以按上述方法试一试。

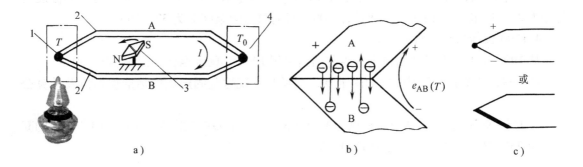

图 9-1 热电偶原理图

a）热电效应 b）结点产生热电动势的示意 c）图形符号

1—工作端 2—热电极 3—指南针 4—参考端

在两种不同材料的导体 A 和导体 B 组成的闭合回路中，当两个结点温度不相同时，回路中将产生电动势。这种物理现象称为**热电效应**。两种不同材料的导体所组成的回路称为**热电偶**，组成热电偶的导体称为**热电极**，热电偶所产生的电动势称为**热电动势**。热电偶的两个结点中，置于温度为 T 的被测对象中的结点称之为**测量端**，又称为**工作端或热端**；而置于参考温度为 T_0 的另一结点称之为**参考端**，又称**自由端或冷端**。

当两种不同的金属互相接触时，由于不同金属内自由电子的密度不同，在两金属A和B的接触点处会发生自由电子的扩散现象。自由电子将从密度大的金属A扩散到密度小的金属B，使A失去电子带正电，B得到电子带负电，从而建立起热电动势，如图9-1b所示。温度越高，热电动势越大。总的热电动势大致上与两个结点的温差成正比。

二、热电极材料和通用热电偶

热电极和热电偶的种类繁多，我国从 1991 年开始采用国际计量委员会规定的"1990 年国际温标"（简称 ITS—90）的新标准。按此标准，共有 8 种标准化了的通用热电偶，如表 9-2 所示。对于每一种热电偶，ITS—90 还制定了相应的分度表，并且有相应的线性化集成电路与之对应。

所谓热电偶分度表就是热电偶自由端（冷端）温度为 0℃时，反映热电偶工作端（热端）温度与输出热电动势之间的对应关系的表格。本教材列出了工业中常用的镍铬-镍硅（K）热电偶的分度表，见附录 C。

表 9-2　8 种国际通用热电偶特性表

名称	分度号	测温范围/℃	100℃时的热电动势/mV	1000℃时的热电动势/mV	特　点
铂铑[①]$_{30}$-铂铑$_6$	B	50 ~ 1820	0.033	4.834	测温上限高，性能稳定，准确度高，100℃以下热电动势极小，可不必考虑冷端温度补偿；价位高，热电动势小，线性差；只适用于高温域的测量
铂铑$_{13}$-铂	R	− 50 ~ 1768	0.647	10.506	测温上限较高，准确度高，性能稳定，复现性好；但热电动势较小，不能在金属蒸气和还原性气体中使用，在高温下连续使用时特性会逐渐变坏，价位高；多用于精密测量
铂铑$_{10}$-铂	S	− 50 ~ 1768	0.646	9.587	优点同铂铑$_{13}$-铂；但性能不如 R 型热电偶；曾经作为国际温标的法定标准热电偶
镍铬-镍硅	K	− 270 ~ 1370	4.096	41.276	热电动势较大，线性好，稳定性好，价廉；但材质较硬，在 1000℃以上长期使用会引起热电动势漂移；多用于工业测量
镍铬硅-镍硅	N	− 270 ~ 1300	2.744	36.256	是一种新型热电偶，各项性能均比 K 型热电偶好，适宜于工业测量
镍铬-铜镍（锰白铜）	E	− 270 ~ 800	6.319	—	热电动势比 K 型热电偶大 50% 左右，线性好，耐高湿度，价廉；但不能用于还原性气体中；多用于工业测量
铁-铜镍（锰白铜）	J	− 210 ~ 760	5.269	—	价廉，在还原性气体中较稳定；但纯铁易被腐蚀和氧化；多用于工业测量
铜-铜镍（锰白铜）	T	− 270 ~ 400	4.279	—	价廉，加工性能好，离散性小，性能稳定，线性好，准确度高；铜在高温时易被氧化，测温上限低；多用于低温域测量。可作 − 200 ~ 0℃温域的计量标准

① 铂铑$_{30}$表示该合金含 70% 的铂及 30% 的铑，以下类推。

三、热电偶的结构形式

1. 装配式热电偶

装配式热电偶均提供标准形式，其中包括有棒形、角形、锥形等。从安装固定方式来看，有固定法兰式、活动法兰式、固定螺纹式、焊接固定式、无固定装置式等几种。

装配式热电偶主要由接线盒、保护管、接线端子、绝缘瓷珠和热电极等组成的基本结构，并配以各种安装固定装置。图 9-2 所示即为棒形活动法兰式装配热电偶。WR 系列装配式热电偶型号的含义如图 9-3 所示。

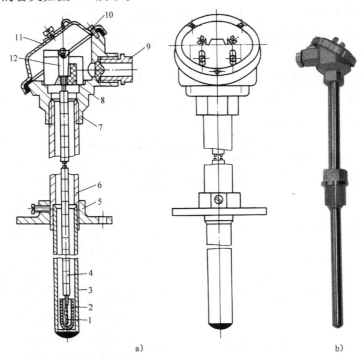

图 9-2　装配式热电偶的结构及外形

a）活动法兰安装式　b）固定螺纹式

1—热电偶工作端　2—绝缘套　3—下保护套管　4—绝缘珠管　5—固定法兰　6—上保护套管

7—接线盒底座　8—接线绝缘座　9—引出线套管　10—接线盒固定螺钉　11—接线盒外罩　12—接线柱

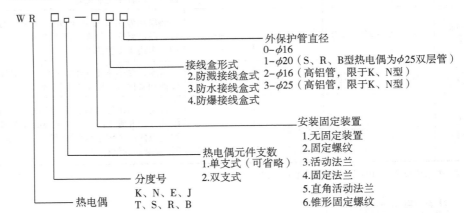

图 9-3　WR 系列装配式热电偶型号的含义

2. 铠装热电偶

铠装热电偶是由金属保护套管、绝缘材料和热电极三者组合成一体的特殊结构的热电偶。它可以做得很细、很长（可达 100m 以上），而且可以弯曲。铠装热电偶的结构和外形如图 9-4 所示。铠装热电偶的响应速度比装配式快，可挠性好，特别适用于复杂结构（如狭小弯曲管道内）的温度测量。

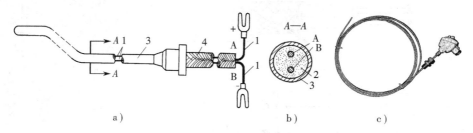

图 9-4　铠装热电偶的结构及外形

a）结构　b）径向剖面图　c）外形

1—内电极　2—绝缘材料　3—薄壁金属保护套管　4—屏蔽层（接地）

3. 薄膜热电偶

薄膜热电偶如图 9-5 所示。其测量端既小又薄，热容量小，响应速度快，便于粘贴，适用于测量微小面积上的瞬变温度。

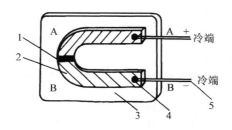

图 9-5　薄膜热电偶

1—工作端　2—薄膜热电极　3—绝缘基板　4—引脚接头　5—引出线（材质与热电极相同）

第三节　热电偶冷端的延长

　　实际测温时，由于热电偶长度有限，自由端（冷端）温度将直接受到被测物温度和周围环境温度的影响。例如，热电偶安装在电炉壁上，而自由端放在接线盒内，电炉壁周围温度不稳定，波及接线盒内的自由端，造成测量误差。

　　虽然可以将热电偶做得很长，但这将提高测量系统的成本，是很不经济的。工业中一般是采用补偿导线来延长热电偶的冷端，使之远离高温区。

利用**补偿导线**延长热电偶的冷端方法如图 9-6 所示。补偿导线（A′、B′）是两种不同的材料、相对比较便宜的金属（多为铜与铜的合金）导体。在一定的环境温度范围内（如0～100℃），与所配接的热电偶的灵敏度相同，因此不会产生测量误差。

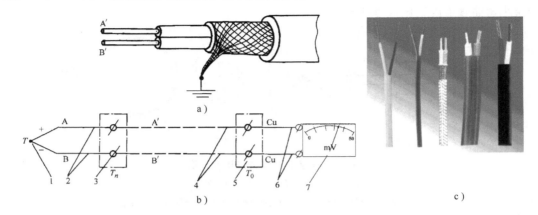

图9-6　利用补偿导线延长热电偶的冷端

a）补偿导线结构　b）接线图　c）补偿导线的外形

1—测量端　2—热电极　3—接线盒1　4—补偿导线　5—接线盒2（新的冷端）　6—铜引线　7—毫伏表

兴趣平台

使用补偿导线的好处有如下几点。

① 它将自由端从温度波动区延长到补偿导线末端的温度相对稳定区，使指示仪表的示值（毫伏数）变得稳定起来。

② 购买补偿导线比使用相同长度的热电极（A、B）便宜许多，可节约大量贵金属。

③ 补偿导线通常用塑料（聚氯乙烯或聚四氟乙烯）作为绝缘层，其自身又为较柔软的铜合金多股导线，所以易弯曲，便于敷设。

必须指出的是，使用补偿导线仅能延长热电偶的冷端，远离高温区，但并不能补偿冷端温度不是0℃而引起的误差。

第四节　热电偶的冷端温度补偿

热电偶的输出热电动势是热电偶两端温度t和t_0差值的函数。各种热电偶温度与热电动势关系的分度表都是在冷端温度为0℃时作出的，因此用热电偶测温时，若要直接应用热电偶的分度表，就必须满足$t_0=0$℃的条件。但在实际测温中，冷端温度常随环境温度而变化，这样t_0不但不是0℃，而且也不恒定，因此将产生误差。

一般情况下，冷端温度均高于0℃，热电动势总是偏小，因此必须想办法补偿这个损失。

一、冷端恒温法

将热电偶的冷端置于装有冰水混合物的恒温容器中，使冷端的温度保持在0℃不变。此法也称**冰浴法**，它消除了 t_0 不等于0℃而引入的误差。但由于冰融化较快，所以一般只适用于实验室中。图9-7所示为冷端置于冰瓶中的接线图。

除了冰浴法，也可将热电偶的冷端置于恒温空调房间中，使冷端温度恒定。

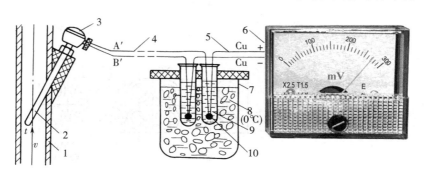

图9-7　冰浴法接线图

1—被测流体管道　2—热电偶　3—接线盒　4—补偿导线　5—铜引线
6—毫伏表　7—冰瓶　8—冰水混合物　9—试管　10—新的冷端

二、计算修正法

当热电偶的冷端温度 $t_0 > 0$℃ 时，可以利用计算机来计算修正这一误差。工业中常用的热电偶配套仪表多内嵌了"冷端温度补偿计算机程序"。

> **查一查**
>
> K型热电偶测温电路如图9-7所示。根据图中毫伏表的示数，在K型热电偶分度表（附录C）中查出被测烟气管道的温度 t。

第五节　热电偶的应用及配套仪表

我国生产的热电偶均符合ITS—90所规定的标准，其一致性非常好，所以国家又规定了与每一种标准热电偶配套的仪表，它们的显示值为温度，而且均已线性化。

一、与热电偶配套的仪表

与热电偶配套的仪表有动圈式仪表及数字式仪表之分。动圈式显示仪表命名为XC系列。按其功能分有指示型（XCZ）和指示调节型（XCT）。数字式仪表按其功能分也有指示型 XMZ 系列和指示调节型 XMT 系列品种。

XMT 系列仪表有 K、R、S、B、N、E 型之分，冷端补偿范围有 0～60℃ 和 0～100℃ 几种，能实现被测**温度超限报警**。其面板上设置有温度设定按键。当被测温度高于设定温度时，仪表内部的继电器动作，可以切断加热回路。与热电偶配套的某系列仪表外形及接线图如图 9-8 所示。

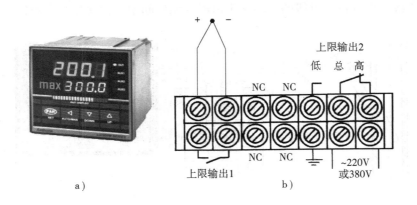

图 9-8　与热电偶配套的某系列仪表外形及接线图
a）XMT 仪表外形　b）XMT 型接线

图 9-8b 中，右上角的三个接线端子从右到左依次为：仪表内继电器的常闭（动断）触点、动触点和常开（动合）触点。

当被测温度低于设定的上限值（图 9-7a 中为 300℃）时，"高—总"端子接通，"低—总"端子断开。

"高"、"总"、"低"三个输出端子在外部通过适当连接，能起到控温或报警作用。"上限输出 1"的两个触点还可用于控制其他电路，如风机等。

二、热电偶的应用

1. 管道温度的测量

为了使管道的气流与热电偶充分进行热交换，装配式热电偶应尽可能垂直向下插入管道中。装配式热电偶在测量管道中流体温度时可以采用图 9-7 所示的**斜插法**，而**直插法**如图 9-9 所示。

2. 金属表面温度的测量

可以用黏接或焊接的方法，将体积较小的热电偶与被测金属表面（或去掉表面后的浅槽）直接接触，如图 9-10 所示。

专用**表面热电偶**的外形如图 9-11 所示。使用时，将表面热电偶的热端紧压在被测物体表面，待热平衡后读取温度数据。图 9-6 中的接线盒 1 也经常采用图 9-11b 所示的热电偶插头插座代替。

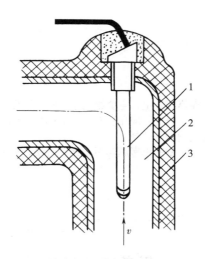

图 9-9　装配式热电偶在管道中的安装方法

1—热电偶　2—管道　3—绝热层

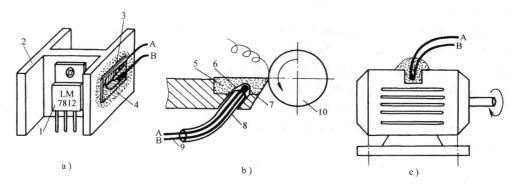

图 9-10　适合不同壁面的热电偶及使用方式

a）将薄膜热电偶粘贴在被测元件表面　b）将铠装热电偶的测量端从斜孔内插入

c）测量端从原有的孔内插入

1—功率元件　2—散热片　3—薄膜热电偶　4—绝热保护层　5—车刀　6—斜孔

7—露头式铠装热电偶测量端　8—薄壁金属保护套管　9—冷端　10—工件

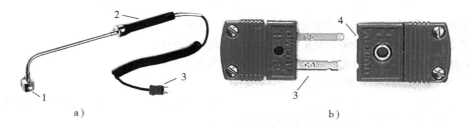

图 9-11　表面热电偶外形及热电偶插头插座

a）表面热电偶外形　b）热电偶插头插座

1—热端　2—握柄　3—冷端插头　4—冷端插座

在第九章里，主要给大家讲解了温标的概念以及热电偶传感器的原理、分类及应用，对热电偶的接线也作了介绍。本章的难点是热电偶型号的选择。

这一章的思考题与习题比较容易，相信大家很快就能完成了。

思考题与习题

1. 单项选择题

1）正常人的体温为37℃，则此时的华氏温度约为_____，热力学温度约为_____。

A. 68 ℉, 37K   B. 99 ℉, 236K   C. 99 ℉, 310K   D. 37 ℉, 310K

2）_____的数值越大，热电偶的输出热电动势就越大。

A. 热端直径   B. 热端和冷端的温度   C. 热端和冷端的温差   D. 热电极的电导率

3）测量钢水（1450℃左右）的温度，最好选择_____型热电偶；测量钢退火炉的温度（约600～1000℃），最好选择_____型热电偶；测量汽轮机高压蒸汽（200℃左右）的温度，且希望灵敏度高一些，最好选择_____型热电偶。

A. R   B. B   C. S   D. K

E. E

4）测量 CPU 散热片的表面温度应选用_____式的热电偶；测量锅炉烟道中的烟气温度，应选用_____式的热电偶；测量100m深的岩石钻孔中的温度，应选用_____式的热电偶。

A. 装配   B. 铠装   C. 薄膜   D. 压电

5）镍铬-镍硅热电偶的分度号为_____，铂铑$_{13}$-铂热电偶的分度号是_____，铂铑$_{30}$-铂铑$_6$热电偶的分度号是_____。

A. R   B. B   C. S   D. K   E. E

6）在热电偶测温回路中经常使用补偿导线的最主要的目的是_____。

A. 补偿热电偶冷端热电动势的损失   B. 起冷端温度补偿作用

C. 将热电偶冷端延长到远离高温区的地方   D. 提高灵敏度

7）在图9-6中，热电偶新的冷端在_____。

A. 温度为 t 处   B. 温度为 t_n 处   C. 温度为 t_0 处   D. 毫伏表接线端子上

8）在实验室中测量金属的熔点时，冷端温度补偿采用_____，可减小测量误差。

A. 计算修正法   B. 仪表机械零点调整法

C. 冰浴法   D. 冷端补偿器法（电桥补偿法）

2. 图9-12所示为镍铬-镍硅热电偶测温电路，热电极 A、B 直接焊接在钢板上，A′、B′为补偿导线，Cu 为铜导线，已知接线盒1的温度 $t_1 = 40.0℃$，冰水温度 $t_2 = 0.0℃$，接线盒2的温度 $t_3 = 20.0℃$。试求：当 $U_x = 39.314\text{mV}$ 时，被测点温度 t_x。

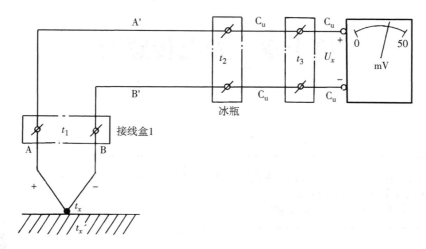

图 9-12 采用补偿导线的镍铬-镍硅热电偶测温示意图

搜一搜

请上网查阅"隔爆型热电偶"的网页资料，写出其中一种的型号及特性参数。

第十章 光电传感器

在这一章里，卡卡要给大家简单介绍光电效应，着重讲解光电元件的原理、分类、特性、电路接线以及光电传感器的应用。

光电传感器的最大特点是非接触测量

第一节 光电效应及光电元器件

小知识

两千多年前，人类已了解到光的直线传播特性，但对光的本质并不了解。1860年，英国物理学家麦克斯韦建立了电磁理论，认识到光是一种电磁波。光的波动学说很好地说明了光的反射、折射、干涉、衍射、偏振等现象，但是仍然不能解释物质对光的吸收、散射和光电子发射等现象。

1900年，德国物理学家普朗克提出了量子学说，认为任何物质发射或吸收的能量是一个最小能量单位（称为量子）的整数倍。1905年，德国物理学家爱因斯坦用光量子学说解释了光电发射效应，并为此而获得1921年诺贝尔物理学奖。

用光照射某一物体，可以看作物体受到一连串光子的轰击，组成这物体的材料吸收光子能量而发生相应电效应的物理现象称为**光电效应**。通常把光电效应分为 3 类，如表 10-1 所示。

表 10-1 光电效应分类

光电效应名称	现 象	对应元器件
外光电效应	在光线的作用下，能使电子逸出物体的表面	光电管、光电倍增管
内光电效应	在光线的作用下，能使物体的电阻率变小	光敏电阻、光敏二极管、光敏三极管、光敏达林顿管及光敏晶闸管
光生伏特效应	在光线的作用下，物体能产生一定方向的电动势	光电池

一、基于外光电效应的光电元器件

光电管的外形如图 10-1 所示。金属阳极 a 和阴极 k 封装在一个石英玻璃壳内。当入射光照射在阴极板上时，光子的能量传递给阴极表面的电子，当电子获得的能量足够大时，电子就可以克服金属表面对它的束缚而逸出金属表面，形成**电子发射**，这种电子称为"光电子"。

当光的波长短于一定值（例如到达紫外光波段）时，光越强，撞击到阴极的光子数目也越多，逸出的电子数目也越多，光电流 I_{Φ} 就越大。

光电管的图形符号及测量电路如图 10-2 所示。当光电管阳极加上适当电压（几伏至数十伏，视不同型号而定）时，从阴极表面逸出的电子被具有正电压的阳极所吸引，在光电管中形成电流，称为光电流。光电流 I_{Φ} 和输出电压正比于光电子数，也就正比于光照度。

目前紫外光电管在工业检测中多用于紫外线测量、火焰监测等。

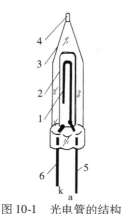

图 10-1 光电管的结构

1—阳极 a 2—阴极 k 3—石英玻璃外壳
4—抽气管蒂 5—阳极引脚 6—阴极引脚

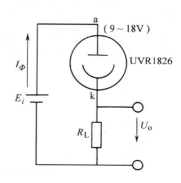

图 10-2 光电管符号及测量电路

二、基于内光电效应的光电元器件

1. 光敏电阻的工作原理及特性参数

光敏电阻如图 10-3 所示。在半导体光敏材料两端装上电极引线，将其封装在带有透

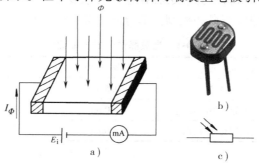

图 10-3 光敏电阻

a）原理图 b）外形图 c）图形符号

明窗的管壳里。两电极常做成梳状，可增加灵敏度，如图 10-3b 所示。

构成光敏电阻的材料有金属的硫化物（主要是 CdS）等半导体。当光敏电阻受到光照时，将产生**电子—空穴对**，使电阻率变小，流过光敏电阻的电流增大。

光敏电阻的特性参数如表 10-2 所示，某型号光敏电阻的光电特性如图 10-4 所示。

表 10-2　光敏电阻的特性参数

参　数	定　义	特　征	备　注
暗电阻/MΩ	置于室温、全暗条件下测得的稳定电阻值	>1	温度上升，暗电阻减小，灵敏度下降
暗电流/μA	施加额定电压，置于室温、全暗条件下测得的稳定电流值	<5	温度上升，暗电流增大
光电特性	施加额定电压，置于室温时测得的电阻值与光照度的关系	非线性	当光照 E 大于 100lx[①]时，光敏电阻的非线性就十分严重
响应时间/s	停止光照后，光电流恢复到暗电流值的时间（下降时间）	$10^{-2} \sim 10^{-3}$	也可以改为测量上升时间

① lx（勒克斯）是光照度的单位。150lx 是教育部门要求所有学校课堂桌面所必须达到的标准照度。

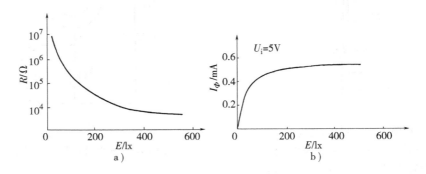

图 10-4　某型号光敏电阻的光电特性
a）光照/电阻特性　b）光照/电流特性

2. 光敏晶体管的工作原理及结构

光敏二极管、光敏三极管、光敏达林顿管（光敏复合管）以及**光敏晶闸管**等统称为**光敏晶体管**，可用于光的照度测量和控制。部分光敏晶体管的特性参数比较如表 10-3 所示。

表 10-3　光敏晶体管的性能比较

光电器件	灵　敏　度	负载能力	温　漂	响应时间
光敏二极管	>0.1μA/lx	<0.5mA	小	0.1μs 左右[①]
光敏三极管	比光敏二极管高 10 倍以上	<100mA	较大	10μs 左右
光敏达林顿管	比光敏三极管高 10 倍以上	<500mA	大	10ms 左右

① 仅指工业级，以下同。

（1）光敏二极管　光敏二极管如图 10-5 所示。从图 10-5c 可以看出，光敏二极管在电路中，处于反向偏置状态。

当光照射在光敏二极管的 PN 结（又称阻挡层）上时，在 PN 结附近产生的电子—空穴对数量也随之增加，当在光敏二极管两端施加电压后，流过 PN 结的光电流 I_Φ 也相应增大，光电流与光照度 E 成正比。

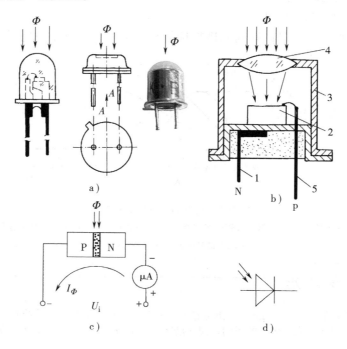

图 10-5　光敏二极管

a）外形图　b）内部结构　c）结构简化图　d）图形符号

1—负极引脚　2—管芯　3—外壳　4—聚光镜　5—正极引脚

（2）光敏三极管　光敏三极管与普通三极管相似，也有电流放大作用。NPN 型光敏三极管示意图如图 10-6 所示。多数光敏三极管的基极没有引出线，只有正负（C、E）两

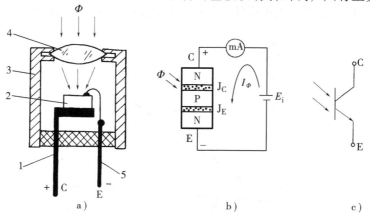

图 10-6　光敏三极管示意图

a）内部组成　b）原理电路　c）图形符号

1—集电极引脚　2—管芯　3—外壳　4—聚光镜　5—发射极引脚

个引脚，所以其外形与光敏二极管相似，从外观上较难区别。

光线通过透明窗口落在集电结上，当电路按图 10-6b 所标示的电压极性连接时，集电极电流 I_c 是原始光电流的 β 倍。

3. 光敏晶体管的基本特性

（1）光谱特性　光敏晶体管的光谱特性如图 10-7 所示，光的波长与颜色的关系如表 10-4 所示。

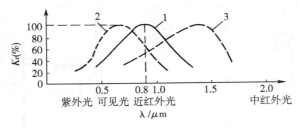

图 10-7　光敏晶体管的光谱特性

1—常规工艺硅光敏晶体管的光谱特性　2—滤光玻璃引起的光谱特性紫偏移

3—滤光玻璃引起的光谱特性红偏移

> **知识沙龙**
>
> 　　硅晶体管的峰值波长为 0.8 μm，接近红色光。有时还可在光敏晶体管的透光窗口上配以不同颜色的滤光玻璃，以达到光谱修正的目的，使光谱响应峰值波长根据需要而改变，据此可以制作色彩传感器。

表 10-4　光的波长与颜色的关系

颜色	紫外	紫	蓝	绿	黄	橙	红	红外
波长/μm	$10^{-4} \sim 0.39$	$0.39 \sim 0.46$	$0.46 \sim 0.49$	$0.49 \sim 0.58$	$0.58 \sim 0.60$	$0.60 \sim 0.62$	$0.62 \sim 0.76$	$0.76 \sim 1000$

（2）光电特性　某系列光敏晶体管的**光电特性**如图 10-8 中的曲线 1、曲线 2 所示。由

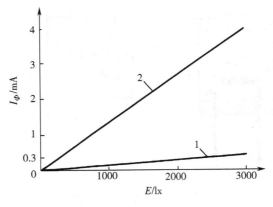

图 10-8　某系列光敏晶体管的光电特性

1—光敏二极管光电特性　2—光敏三极管光电特性

图可知：光敏晶体管的光电流 I_Φ 与光照度成线性关系。光敏三极管的光电特性曲线斜率较大，说明灵敏度比光敏二极管高。

三、基于光生伏特效应的光电元器件

1. 光电池的结构及工作原理

图 10-9a 所示为光电池结构示意图。光照射在面积较大的光电池 P 区表面，产生电子—空穴对，光生电子因 PN 结的内电场而漂移到负极，空穴留在 P 区，从而产生**光生电动势 E**。光照越强，光生电动势就越大。

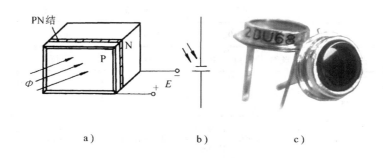

a）   b）   c）

图 10-9　光电池

a）结构示意图　b）图形符号　c）外形

2. 光电池的基本特性

（1）光谱特性　硅光电池的光谱特性与光敏晶体管相似，可参考图 10-7。

（2）光电特性　某系列硅光电池的光电特性如图 10-10 所示。曲线 1 是光电池负载开路时开路电压 U_o 的特性曲线，曲线 2 是负载短路时短路电流 I_Φ 的特性曲线。由图可知：开路电压 U_o 与光照度的关系呈非线性，近似于对数关系，在 2000lx 照度以上就趋于饱和。

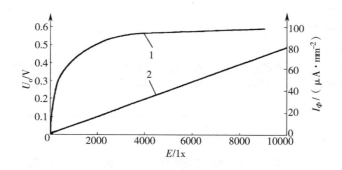

图 10-10　某系列硅光电池的光电特性

1—开路电压曲线　2—短路电流曲线

当负载短路时，光电流在很大范围内与照度成线性关系。某系列硅光电池的参数特性如表 10-5 所示。

小贴士

当希望光电池的输出与光照度成正比时，应把光电池作为电流源来使用；当被测非电量是开关量时，可以把光电池作为电压源来使用。

表10-5　某系列硅光电池的参数特性

参数名称	测试条件	2CU 金属外壳			2CU100 黑陶瓷	2CU025 黑陶瓷	2DU025 黑陶瓷
外形尺寸/mm	—	$\phi22$			16.5×15	10.5×9	$16.5 \times 9 \times 4$
有效面积/mm^2	—	10×10			10×10	5×5	5×5
窗口材料	—	玻璃	石英	色片	环氧	石英	环氧
灵敏度/μA	2856K, 100lx	40			40	20	20
波长范围/nm	10% λ_{max}	200 ~ 1050		380 ~ 680	300 ~ 1050	200 ~ 1050	400 ~ 1100
峰值波长/nm	—	650		550	650		900
分流电阻/$M\Omega$	$E = 0$, $V_r = 10mV$	>1	>10	>0.1	>10	>1	0.1
暗电流/μA	$E = 0$, $V_r = 1V$	1	0.1	10	1	0.1	1
结电容/nF	$E = 0$, $V_r = 0$	<10	<10	<10	<10	<2.5	<1.2
上升时间/μs	$E = 1000$ lx, $R_L = 100\Omega$	100	200		100	20	10

想一想

在居室窗口，阴天的光照度约为1000lx，每片光电池的开路输出电压约为0.3 ~ 0.4V。如果要得到1.5V的电压去驱动便携式LCD计算器，必须将几片光电池串联起来？

第二节　光电元器件的基本应用电路

1. 光敏电阻应用电路

光敏电阻基本应用电路如图10-11所示。在图10-11a中，当无光照时，光敏电阻 R_ϕ 很大，I_ϕ 很小，从欧姆定律角度分析，I_ϕ 在 R_L 上的压降 U_o 就很小。随着入射光增大，R_ϕ 减小，U_o 随之增大。也可以改从分压比角度来分析图10-11b的情况。与图10-11a 相反。入射光增大时，R_Φ 与 R_L 的分压比减小，U_o 减小。

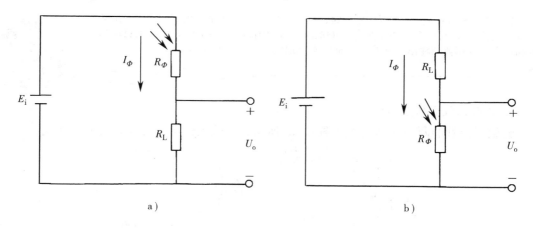

图 10-11　光敏电阻基本应用电路

a）U_o 与光照变化趋势相同的电路　b）U_o 与光照变化趋势相反的电路

2. 光敏二极管的应用电路

光敏二极管在应用电路中**必须反向偏置**，否则流过它的正向电流就不受入射光的控制。光敏二极管的一种应用电路如图 10-12 所示，利用反相器 74HC04 可将光敏二极管的输出电压转换成 TTL 电平。

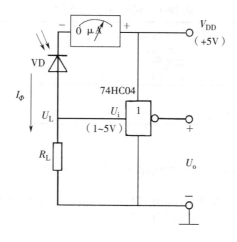

图 10-12　光敏二极管的一种应用电路

算一算

光敏二极管 VD 的特性如图10-8所示。当光照度为100lx时，试根据曲线估算一下，I_Φ 为多少？在图10-12中，若 R_L 为300kΩ，则 U_L 为多少？U_o 又为多少？

卡卡算出来啦：当光照度为1000lx时，$I_\Phi=100$Ma，由于光敏二极管的光电流I_Φ与光照度成正比，所以可以算得在光照度为100lx时，$I_\Phi=10\mu$A；$U_L=0.01$mA$\times300$k$\Omega=3$V，为高电平，反相器的输出为低电平，通常约为0.1V。U_o为高电平，约4.9V。

3. 光敏三极管的应用电路

光敏三极管的两种常用电路如图10-13所示，其输入输出状态表如表10-6所示。

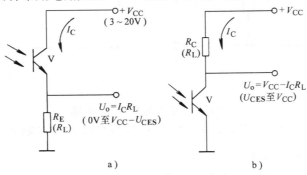

a) b)

图 10-13 光敏三极管的两种常用电路

a) 射极输出电路 b) 集电极输出电路

表 10-6 输入／输出状态比较

电路形式	无 光 照 时			强 光 照 时		
	三极管状态	I_C	U_o	三极管状态	I_C	U_o
射极输出	截止	0	0（低电平）	饱和	$(V_{CC}-0.3)/R_L$	$V_{CC}-U_{CES}$（高电平）
集电极输出	截止	0	V_{CC}（高电平）	饱和	$(V_{CC}-0.3)/R_L$	U_{CES}（0.3V，低电平）

想 一 想

① 利用光敏三极管来达到强光照时继电器吸合的光控继电器电路如图10-14所示，请分析强光照时的工作过程。

② 分析表10-6，射极输出电路的输出电压U_o变化趋势与光照的变化有怎样的关系？当光照减弱时，集电极输出电路的输出电压U_o又如何变化？

分析步骤：

1）当无光照时，光敏三极管V_1截止，$I_B=0$，起电流放大作用的V_2也截止，继电器KA处于失电（释放）状态。

2）当有强光照时，V_1产生较大的光电流I_Φ，I_Φ的一部分流过下偏流电阻R_{B2}（起稳定工作点作用），另一部分流经R_{B1}及V_2的发射结。当I_B较大时，V_2也饱和，产生较大的集电极饱和电流，因此继电器得电并吸合。

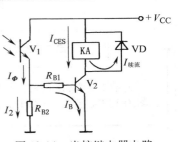

图 10-14 光控继电器电路

想一想

如果将 V_1 与 R_{B2} 位置上下对调，其结果会怎样？请读者分析一下。

4. 光电池的应用电路

多数情况下，为了得到光电流与光照度成线性的特性，要求光电池的负载电阻趋向于零。采用集成运算放大器组成的 I/U 转换电路就能基本满足负载必须短路的要求。图10-15所示为光电池的短路电流测量电路。

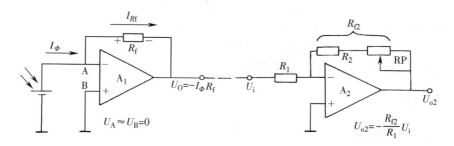

图10-15 光电池短路电流测量电路

光电池"短路电流测量电路"的输出电压 $U_o = -U_{R_f} = -I_\Phi R_f$。

从上式可知，该电路的输出电压 U_o 与光电流 I_Φ 成正比，从而达到电流/电压转换的目的。若希望 U_o 为正值，可将光电池极性调换。

若光电池用于微光测量时，I_Φ 可能较小，则可增加一级放大电路，并使用电位器 RP 微调总的放大倍数，如图10-15中右边的反相比例放大器电路所示。

第三节 光电传感器的应用

依被测物、光源、光电器件三者之间的关系，可以将光电传感器分为下述4种类型。

1）光源本身是被测物，被测物发出的光投射到光电器件上，光电器件的输出反映了光源的某些物理参数，如图10-16a所示。典型的例子有光照度计、光电高温比色温度计、红外辐射温度计和照相机曝光量控制等。

2）恒光源发射的光穿过被测物，一部分由被测物吸收，剩余部分投射到光电器件上，吸收量决定于被测物的某些参数，如图10-16b所示，典型例子如透明度计、浊度计等。

3）恒光源发出的光投射到被测物上，然后从被测物表面反射到光电器件上，光电器件的输出反映了被测物的某些参数，如图10-16c所示。典型的例子如用反射式光电法测转速，测量工件表面粗糙度、纸张的白度等。

4）恒光源发出的光通量在到达光电器件的途中遇到被测物，照射到光电器件上的光被遮蔽掉一部分，光电器件的输出反映了被测物的尺寸，如图10-16d所示。典型的例子如振动测量、工件尺寸测量等。

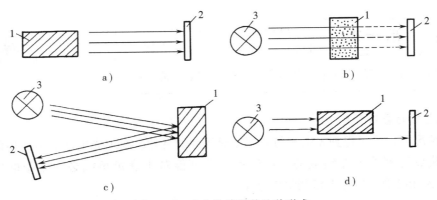

图 10-16　光电传感器的几种形式

a）被测物是光源　b）被测物吸收光通量　c）被测物是有反射能力的表面　d）被测物遮蔽光通量

1—被测物　2—光电器件　3—恒光源

一、光源本身是被测物的应用实例

1. 红外辐射温度计

小知识

任何物体在开氏温度零度以上都能产生热辐射。

温度较低时，辐射的是不可见的红外光，随着温度的升高，波长短的光开始丰富起来。从500～1500℃，辐射光颜色变化规律为红色→橙色→黄色→蓝色→白色。因此测量光的颜色以及辐射强度，可粗略判定物体的温度。

在2200℃以上区域，已无法用热电偶来测量，所以高温测量多采用辐射原理的温度计。

市售的**红外辐射温度计**的温度范围可以从 −30～3000℃，中间分成若干个不同的规格，可根据需要选择适合的型号。红外辐射温度计如图 10-17 所示。

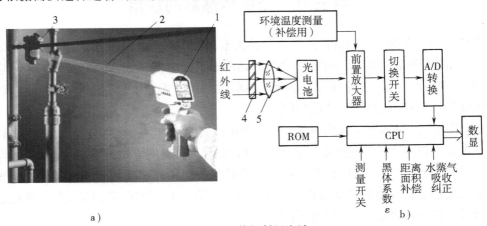

图 10-17　红外辐射温度计

a）表面温度测量示意图　b）内部原理框图

1—显示器　2—红色激光瞄准系统　3—被测物　4—滤光片　5—聚焦透镜

　　测试时，按下手枪形测量仪的电源开关，枪口即射出一束低功率的红色激光，照射到被测物上（作用类似于M16步枪上的瞄准电筒），被测物发出的红外辐射能量才能准确地聚焦在红外辐射温度计"枪口"内部的光电池上。

　　红外辐射温度计内部的CPU根据距离、被测物表面黑度辐射系数、水蒸气吸收修正系数、环境温度以及被测物辐射出来的红外光强度等诸多参数，计算出被测物体的表面温度。

　　红外辐射温度计还广泛用于铁路机车轴温检测，冶金、化工、高压输变电设备表面温度的测量，还可快速测量人体温度。

2. 热释电传感器在人体检测、报警中的应用

　　热释电元件可用于人体产生远红外辐射检测，如防盗门、宾馆大厅自动门、自动灯的控制以及辐射中红外线的物体温度的检测等。

　　某些电介物质，如锆钛酸铅（PZT），表面温度发生变化时，介质表面就会产生电荷，这种现象称为**热释电效应**，具有这种效应的介质制成的元件称为**热释电元件**。红外热释电传感器如图 10-18 所示。它由滤光片、热释电红外敏感元件，高输入阻抗放大器等组成。

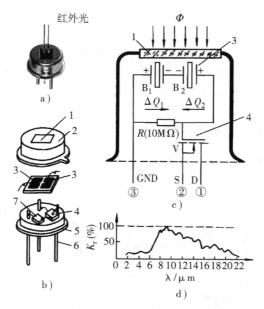

图 10-18　红外热释电传感器

a）外形　b）分体结构　c）内部电气接线图　d）滤光片的光谱特性

1—滤光片　2—管帽　3—敏感元件　4—放大器　5—管座　6—引脚　7—高阻值电阻 R

　　热释电传感器用于红外防盗器时，其表面必须罩上一块由一组平行的棱柱形透镜所组成菲涅尔透镜，如图 10-19b 所示。人体产生的红外辐射穿过多棱的菲涅尔透镜后，以光

脉冲的形式不断改变两个热释电元件的温度，使它输出一串交变脉冲信号。当然，如果人体静止不动地站在热释电元件前面，它是"视而不见"的。

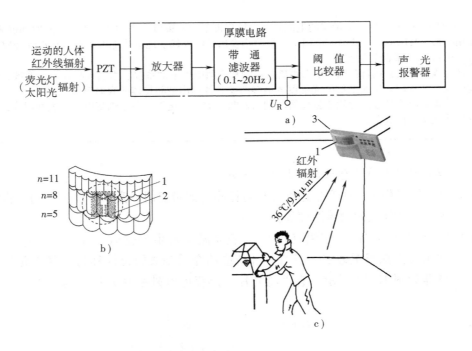

图 10-19　热释电型人体检测原理图

a）电路原理框图　b）菲涅尔透镜示意图　c）防盗报警示意图

1—菲涅尔透镜　2—热释电元件（在透镜后面）　3—传感器外形

二、被测物吸收光通量的应用实例

光电式浊度计原理图如图 10-20 所示。

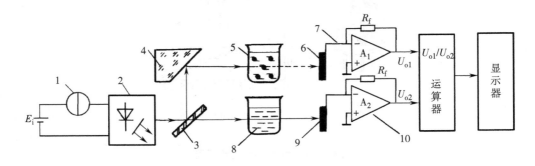

图 10-20　光电式浊度计原理图

1—恒流源　2—半导体激光器　3—半反半透镜　4—反射镜　5—被测水样

6、9—光电池　7、10—电流/电压转换器　8—标准水样光源发出的光线经过**半反半透镜**分成两束强度相等的光线，一路光线穿过标准水样 8（有时也采用标准衰减板），到达光电池 9，产生被测水样浊度的参比信号。另一路光线穿过被测水样品 5 到达光电池 6，其中一部分光线被样品介质吸收，样品水样越混浊，光线衰减量越大，到达光电池 6 的光通量就越小。两路光信号均转换成电压信号 U_{o1}、U_{o2}，由运算器计算出 U_{o1}、U_{o2} 的比值，并进一步算出被测水样的浊度。

> ## 兴趣平台
>
> 采用半反半透镜 3、标准水样 8 以及光电池 9 作为参比通道的好处是：当光源的光通量由于种种原因有所变化或环境温度变化引起光电池灵敏度改变时，由于两个通道的结构完全一样，所以在最后运算 U_{o1}/U_{o2} 值（其值的范围是 0 ~ 1）时，上述误差可自动抵消，减小了测量误差。
>
> 检测技术中经常采用类似上述的方法，因此从事测量工作的人员必须熟练掌握"参比"和"差动"的概念。
>
> 将上述装置略加改动，还可以制成光电比色计，用于血色素测量、化学分析等。

三、被测物体反射光通量的应用实例

1. 反射式烟雾报警器

宾馆等对防火设施有严格考核的场所均必须按规定安装火灾传感器。火灾发生时伴随有光和热的化学反应。物质在燃烧过程中一般有下列现象发生。

（1）产生热量，使环境温度升高　物质剧烈燃烧时会释放出大量的热量，这时可以用第九章表 9-1 列出的各种温度传感器来测量。但是在燃烧速度非常缓慢的情况下，火灾初期的环境温度上升是不易鉴别的。

（2）产生可燃性气体　有机物在燃烧的初始阶段，首先释放出来的是可燃性气体，如一氧化碳等。

（3）产生烟雾　烟雾是人们肉眼能见到的微小悬浮颗粒。其粒子直径大于 10nm。烟雾有很大的流动性，可潜入烟雾传感器中，因此检测烟雾是较有效的检测火灾的手段。

（4）产生火焰　火焰辐射出红外线、可见光和紫外线。其中红外线和可见光不太适合用于火灾报警，这是因为正常使用中的取暖设备、电灯、太阳光线都包含有红外线或可见光。利用本章第一节介绍过的紫外线管（外光电效应型）或某些专用的半导体内光电效应型紫外线传感器，能够有效地监测火焰发出的紫外线。

漫反射式烟雾传感器就是根据上述物质燃烧特点设计的，如图 10-21 所示。在没有烟雾时，由于红外对管相互垂直，烟雾室内又涂有黑色吸光材料，所以红外 LED 发出的红外光无法到达红

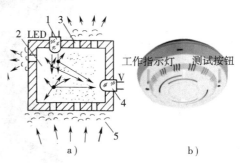

图 10-21　漫反射式烟雾传感器
a）原理示意图　b）外形
1—红外发光二极管　2—烟雾检测室
3—透烟孔　4—红外光敏三极管　5—烟雾

外光敏三极管。当烟雾进入烟雾室后，烟雾的固体粒子对红外光产生漫反射，使部分红外光到达光敏三极管 V。

兴趣平台

在反射式烟雾报警器中，红外LED的激励电流不是连续的直流电，而是用40kHz调制的脉冲，所以红外光敏管接收到的光信号也是同频率的调制光。它输出的40kHz电信号经窄带选频放大器放大、检波后成为直流电压信号，再经低放和阈值比较器输出报警信号。室内的灯光、太阳光即使泄露进入烟雾检测室，也无法通过40kHz选频放大器，所以不会引起误报警。

2. 光电式转速表

小知识

转速是指每分钟内旋转物体转动的圈数，它的单位是r/min。光电式转速表属于反射式光电传感器，它可以在距被测物数十毫米外非接触地测量其转速，动态特性较好，可以用于高转速的测量而又不干扰被测物的转动。

光电式转速表测转速示意图如图 10-22 所示。手持式光电式转速表前端发出的红色激光照射到旋转物（电动机连轴器）上，光线经事先粘贴在连轴器上的反光纸反射回来。旋转物体每转一圈，转速表中的光敏接收器就产生一个脉冲信号。在 1s 的时间间隔内输出的脉冲数就反映了旋转物体的每秒转数，再经计算机乘以 60 后，由数码显示器显示出每分钟的转数，即转速。

图 10-22　光电式转速表在工业现场测转速

3. 色彩传感器

采用 α-Si 光电元件的色彩传感器及信号处理示意图如图 10-23 所示。α-Si 色彩传感器的光谱灵敏度与人眼十分接近，峰值波长约为 $0.5 \sim 0.6\,\mu m$，而不像单晶硅那样为 $0.8\,\mu m$（见图 10-7）。因此当光线透过红、绿、蓝滤光片后，就可以将物体的颜色分解成 R、G、B 三个信号。

色彩传感器的工作原理是光生伏特效应，其输出是与分解后的三路光信号成正比的电流信号 I_R、I_G、I_B，它们分别经 I/U 转换器转换为电压信号，由计算机根据色度学原理，计算出被测物的颜色参数。

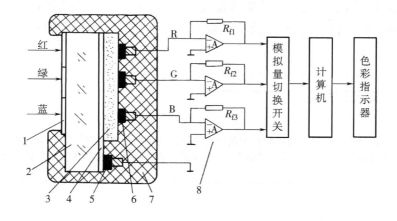

图 10-23 色彩传感器及信号处理示意图

1—红、绿、蓝滤色片 2—玻璃基板 3—α-Si 光电元件 4—透明导电膜

5—公共电极 6—背面引出电极 7—遮光保护树脂 8—电流/电压转换器

四、被测物遮蔽光通量的应用实例

光电线阵测量带材的边缘位置宽度如图 10-24 所示。

光源置于钢板上方。采用特殊形状的圆柱状透镜和同样长度的窄缝，可形成薄片状的平行光光源，称为"**光幕**"或"**片光源**"。在钢板下方的两侧，各安装一条光敏二极管线阵。钢板阴影区内的光敏二极管输出低电平，而亮区内的光敏二极管输出高电平。

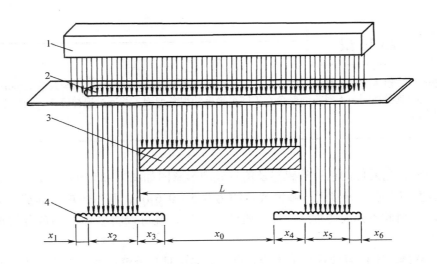

图 10-24　光敏二极管线阵在带材宽度检测中的应用

1—平行光源（光幕）　2—狭缝　3—被测带材　4—光敏二极管阵列

用计算机读取输出高电平的二极管编号及数目，再乘以光敏二极管的间距就是亮区的宽度，再考虑到光敏线阵的总长度及安装距离 x_0，就可计算出钢板的宽度 L 及钢板的位置。

知识沙龙

　　如果用准确度更高的、数码相机中的CCD面阵，还可以计算出钢板的面积。利用类似原理，可制成带材纠偏系统、光幕式汽车探测器、光幕式防侵入系统、光幕式安全保护系统等。

第四节　光电开关及光电断续器

一、光电开关的结构和分类

　　光电开关可分为两类：遮断型和反射型，如图 10-25 所示。图 10-25a 中，红外发射器和接收器相对安放，轴线严格对准。当有物体在两者中间通过时，红外光束被遮断，接收器接收不到红外线而产生一个负脉冲信号。遮断型光电开关的检测距离一般可达十几米。

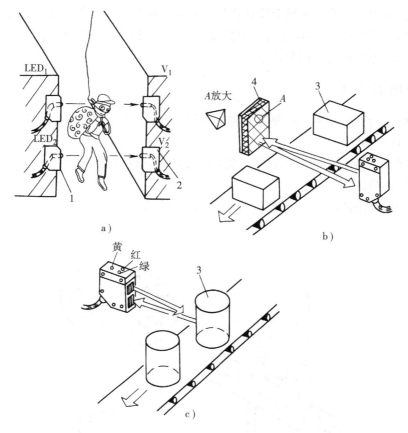

图 10-25 光电开关类型及应用

a) 遮断型　b) 反射镜反射型　c) 散射型

1—发射器　2—接收器　3—被测物　4—反射镜

想一想

反射镜反射型与被测物漫反射型（简称散射型）有什么区别呢?

反射镜反射型传感器单侧安装，需要调整反射镜的角度以取得最佳的反射效果，它的检测距离一般可达几米。

散射型安装较为方便，只要不是全黑的物体均能产生漫反射。散射型光电开关的检测距离与被测物的黑度有关，一般小于几百毫米。

光电开关可用于生产流水线上统计产量、检测装配件到位与否以及装配质量，并且可以根据被测物的特定标记给出自动控制信号。它已广泛地应用于自动包装机、自动灌装机、装配流水线等自动化机械装置中。

二、光电断续器

光电断续器的红外发射、接收器做在体积很小的同一塑料壳体中，所以两者能可靠地对准，如图 10-26 所示。

遮断型（也称槽式）的槽宽、深度及光敏元件可以有各种不同的形式，并已形成系列化产品，可供用户选择。

反射型的检测距离较小，多用于具有反光能力的被测物。

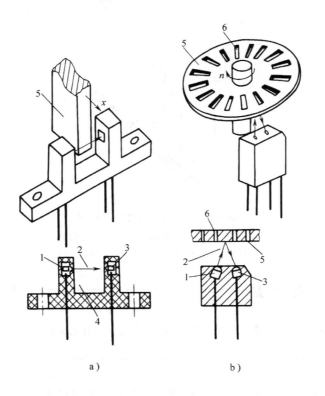

图 10-26　光电断续器

a）遮断型　b）反射型

1—发光二极管　2—红外光　3—光敏元件　4—槽　5—被测物　6—透光孔

在复印机和打印机中，光电断续器被用来检测复印纸的有无，如图 10-27b 所示。在流水线上，检测细小物体的通过及物体上的标记，还可用于检测印制电路板元件是否漏装等。例如，在图 10-27e 中，用两只反射型光电断续器检测肖特基二极管的两个引脚的长短是否有误，以便于包装或焊接。

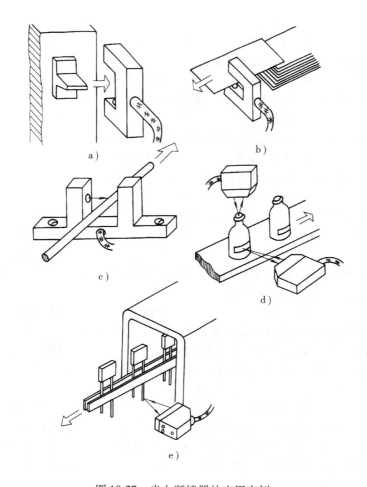

图 10-27 光电断续器的应用实例

a）防盗门的位置检测　b）印刷机械上的送纸检测　c）线料连续检测
d）瓶盖及标签的检测　e）电子元件生产流水线检测

在第十章里，主要给大家介绍了光电传感器的特性以及它们的电路连接。本章的难点是根据元件的特性曲线，估算光电测量电路的输出电压。

下面的思考题与习题可以帮助大家进一步了解光电传感器的应用。

思考题与习题

1. 单项选择题

1）晒太阳取暖利用了_____；人造卫星的光电池板利用了_____；植物的生长利用了

_____。

A. 光电效应 B. 光化学效应 C. 光热效应 D. 感光效应

2) 光敏二极管属于_____，光电池属于_____。

A. 外光电效应 B. 内光电效应 C. 光生伏特效应

3) 光敏二极管在测光电路中应处于_____偏置状态。

A. 正向 B. 反向 C. 零 D. 均可

4) 在高速光纤通信中，与出射光纤耦合的光电元件应选用_____。

A. 光敏电阻 B. 光敏二极管 C. 达林顿光敏三极管

5) 温度上升，光敏电阻、光敏二极管、光敏三极管的暗电流_____。

A. 上升 B. 下降 C. 不变

6) 普通型硅光电池的峰值波长为_____，落在_____区域。

A. 0.8m B. 8mm C. 0.8μm D. 0.8nm

E. 可见光 F. 近红外光 G. 紫外光 H. 远红外光

7) 欲利用光电池为3.6V的锂电池手机充电，需将数片光电池_____起来，以提高输出电压，再将几组光电池_____起来，以提高输出电流。

A. 并联 B. 串联 C. 短路 D. 开路

8) 超市收银台用激光扫描器检测商品的条形码是利用了图10-16中_____的原理；用光电传感器检测复印机走纸故障（两张重叠，变厚）是利用了图10-16中_____的原理；放电影时，利用光电元件读取影片胶片边缘"声带"的黑白宽度变化来还原声音，是利用了图10-16中_____的原理；而洗手间红外反射式干手机又是利用了_____的原理。

A. 图10-16a B. 图10-16b C. 图10-16c D. 图10-16d

2. 在图10-14中，有强光照射时，用万用表测得驱动三极管 V 的集电极对地电压为0.3V，说明该三极管已经处于饱和状态，但用肉眼观察继电器 K 并未吸合。请说出可能是哪几个原因引起的？为什么？

3. 在图10-14中，继电器 K 的额定电压为24V，用万用表测得其直流电阻为200Ω，求吸合电流为多少？

4. 请画出利用光敏三极管和另一个驱动三极管来达到强光照时继电器释放的光控继电器电路，并请写出强光照时的工作过程（可考参图10-14）。

5. 请你谈谈如何利用热释电传感器及其他元器件实现宾馆玻璃旋转门的自动起停。

搜一搜

请上网查阅有关"CCD特性"的网页，写出其中一种的型号及特性参数。

第十一章 数字式位置传感器

在这一章里，卡卡将给大家简单介绍数字式位置传感器，其中包括：角编码器、光栅传感器、磁栅传感器、容栅传感器。

数字式位置传感器的最大特点是可以直接给出抗干扰能力较强的数字脉冲或编码信号。高品质的光栅在测量范围达到360°或十几米时，分辨力仍然可以优于0.1″或0.5μm。

第一节 角 编 码 器

角编码器又称码盘，是一种旋转式位置传感器，它的转轴通常随被测轴一起转动，能将被测轴的角位移转换成二进制编码或一串脉冲。角编码器有两种基本类型：绝对式编码器和增量式角编码器。

一、绝对式角编码器

绝对式角编码器从原理来分，有**接触式**、**光电式**、**磁阻式**等不同形式。

1. 接触式编码器

一个4位二进制接触式码盘如图11-1所示。在圆形不导电的码盘基体上共有4个码道，每个码道用印制电路板工艺加工出导电区（阴影部分），用"1"表示，其他部分为绝缘区，用"0"表示。码盘最里面一圈完整的轨道是公用区，它和各码道所有导电部分连在一起，通过电刷接激励电源 E_i 的正极。在每个码道上都有一个电刷，电刷经取样电阻接地。若电刷接触到导电区域，则该回路中的取样电阻上有电流流过，输出为"1"，反之，若电刷接触的是绝缘区域，输出为"0"。

无论码盘处在哪个角度，均有一个4位二进制编码与该角度对应。

码道的圈数（不包括最里面的公用轨道）就是二进制的位数。若有 n 圈码道，就称为 **n 位码盘**，圆周就被均分为 2^n 个数据，能分辨的角度 $\alpha = 360°/2^n$。

显然，位数 n 越大，所能分辨的角度 α 就越小，测量准确度就越高。若要提高分辨能力，就必须增加码道数。

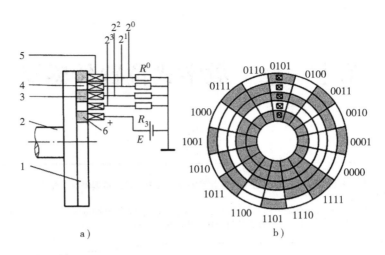

图 11-1　接触式码盘

a）电刷在码盘上的位置　b）4 位 8421 二进制码盘

1—码盘　2—转轴　3—导电体　4—绝缘体　5—电刷　6—激励公用轨道（接电源正极）

想一想

　　观察图11-1b，此时码盘的输出二进制码为多少？共有几位码？提示：读数时，高位在内，低位在外。

想一想

　　工业中常用的绝对式角编码器必须达到10个码道以上，它的角度分辨力可达0.35°。图11-1中的4码道绝对式角编码器能分辨的角度为多少度？这样的分辨力在机床加工中符合要求吗？

2. 绝对式光电编码器

　　绝对式光电码盘如图 11-2 所示。图 11-2 中，黑色区域为**不透光区**，用"0"表示；白的区域为**透光区**，用"1"表示。每一码道上都有一组光电元件，在任意角度都将产生对应的二进制编码。

小知识

　　在增量式位置传感器中，被测移动部件（例如车床的溜板箱或主轴）每移动一个基本长度单位或角度，数字式位置传感器便发出一个脉冲信号，计算机中的计数器便增加1个计数脉冲，数控系统从而获知被测位移量。

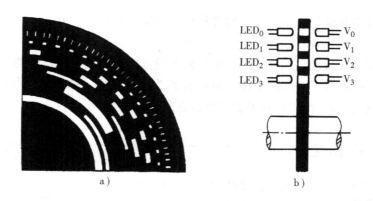

图 11-2　绝对式光电码盘

a）光电码盘的平面结构（8 码道）　b）光电码盘与光源、光敏元件的对应关系（只画出 4 码道）

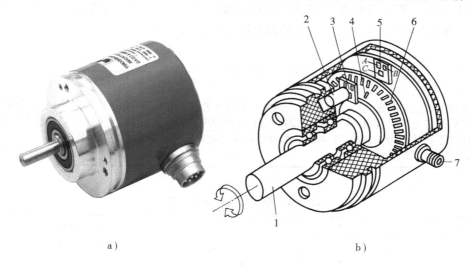

图 11-3　增量式光电角编码器结构示意图

a）外形　b）内部结构

1—转轴　2—发光二极管　3—光栅板　4—零标志位光槽

5—光敏元件　6—增量式光电码盘　7—电源及信号线连接座

光电码盘的特点是除了转轴之外，不存在接触磨损，允许高速旋转。

二、增量式角编码器

增量式光电角编码器结构示意图如图 11-3 所示。光电码盘与转轴连在一起。不锈钢码盘的边缘制成向心的透光狭缝，数量 n 从几百条到几千条不等。这样，整个码盘的圆周被等分成 n 个透光槽。

当增量式光电码盘随工作轴一起转动时，发光二极管发出的光线透过光电码盘的狭缝，形成忽明忽暗的光脉冲信号。光敏元件把此光脉冲信号转换成电脉冲信号，由计算机处理后，向数控加工系统输出位移信号或由数码管显示出位移量。

在增量式光电角编码器中，一个脉冲所代表的角度就是分辨力 α

$$\alpha = 360°/n$$

为了判断码盘旋转的方向，必须在光栏板上设置两个狭缝，并设置两组对应的光敏元件，如图 11-3b 中的 A、B 光敏元件，有时也称为 **cos 元件**、**sin 元件**，计算机检测 cos、sin 两路信号的相位差，从而辨别码盘旋转的方向。

小贴士

工业中常用增量式光电码盘的狭缝数必须达到1024个以上，它的角度分辨力才可达0.35°。

为了得到码盘转动的绝对位置，还需设置一个基准点，如图 11-3b 中的"**零标志位光槽**"。码盘每转一圈，**零标志位光槽**对应的光敏元件 C 就产生一个脉冲，称为"**一转脉冲**"或"**零度脉冲**"。某绝对式角编码器的特性如表 11-1 所示。

想一想

某增量式光电码盘共有360个狭缝，能分辨的角度为多少度？

某增量式光电码盘的指标为2K，即狭缝数 n 为2048个。若计算机测得在C脉冲之后的增量脉冲数为202480＋1048个，则该增量式光电码盘的转轴过零之后，共转动了多少圈又多少度？

表 11-1　绝对式角编码器的特性

型　号	E1050-14	型　号	E1050-14
位数	14	电源电压/V	DC12（±5%），或 5（±5%），可选
分辨力	80″	光源	红外 LED
最大误差/″	±100	输出信号	并行格雷码，TTL 电平
外尺寸/mm	φ50×40	使用温度	-40~55℃
输出轴尺寸/mm	φ6×12	工作环境相对湿度/% RH	95（35℃时）
重量/g	250	振动/g	6
允许转速/r·min⁻¹	200	冲击/g	50

三、角编码器的应用

1. 角编码器用于测量直线位移

角编码器除了能直接测量角位移外，还能通过"**丝杆—螺母副**"等机械转换系统，将角位移 θ 转换为直线位移 x，如图 11-4 所示。

2. 工位编码

工业中，经常将被加工工件固定在转盘上，进行顺序加工。若使绝对式角编码器与转盘同轴旋转，如图 11-5 所示，则转盘上每一个工位均有一个二进制编码相对应。

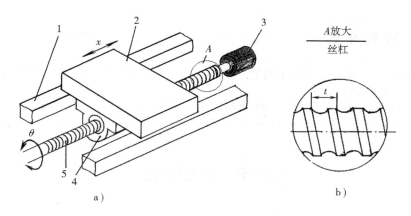

图 11-4   利用角编码器测量直线位移

a）直接测量   b）间接测量

1—导轨   2—运动部件   3—角编码器   4—螺母   5—丝杠

算一算

设图11-4中，丝杠的螺距 t =6.00mm（当丝杠转360°时，螺母移动的直线距离为6.00mm），角编码器测得丝杠旋转角度为3600°，则螺母的直线位移 x 为多少？

卡卡算出来了：螺母的直线位移 x =（3600°/360°）×6mm =60mm。

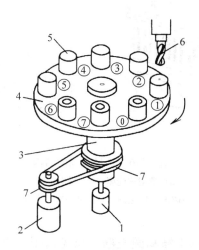

图 11-5   转盘工位编码

1—绝对式角编码器   2—电动机   3—转轴

4—转盘   5—工件   6—刀具   7—带轮

在图11-5中，工件⓪已完成钻孔加工，要使工位①上的工件转到钻头下方，计算机就必须控制电动机通过带轮使转盘顺时针旋转。

当一个4码道角编码器的输出从0000变为0010时，表示转盘已将工位1转到加工点，电动机停转。

第二节　光栅传感器

一、光栅的基本知识

1. 什么是光栅

光栅可分为**物理光栅**和**计量光栅**。物理光栅是利用光的衍射现象，常用于光谱分析和光波波长测定。而数字式位置传感器中使用的是计量光栅。

2. 计量光栅的组成

计量光栅的结构如图11-6所示。它们均由**光源**、**光栅副**、**光敏元件**三大部分组成。光敏元件可以是光敏二极管，也可以是光电池。

光栅副由**主光栅**（工业中又称"尺身"）和**指示光栅**（工业中又称"读数头"）组成。通常将指示光栅与主光栅叠合在一起，两者之间保持很小的间隙（0.05mm或0.1mm），从而产生"莫尔条纹"，起到**光学放大**作用。

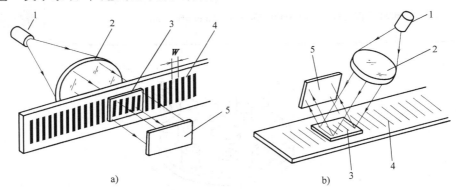

图11-6　计量光栅的结构

a）透射式光栅　b）反射式光栅

1—光源　2—透镜　3—指示光栅　4—标尺光栅　5—光敏元件

3. 计量光栅的种类

计量光栅按形状可分为**长光栅**和**圆光栅**。长光栅用于直线位移测量，故又称**直线光栅**；圆光栅用于角位移测量。

计量光栅按原理可分为**透射式和反射式**。

透射式光栅一般是用光学玻璃作基体，在玻璃上均匀地腐蚀出间距、宽度相等的平行、密集条纹，形成断断续续的透光区和不透光区，如图 11-6a 所示。标尺光栅和指示光栅的每毫米内刻线数一样。

小贴士

在直线光栅中，主光栅固定不动，而指示光栅安装在运动部件上，所以两者之间形成相对运动。

在圆光栅中，指示光栅固定不动，而主光栅随被测物的转轴转动。

反射式光栅一般使用不锈钢作基体，在不锈钢尺上用化学方法制出黑白相间的条纹，形成反光区和不反光区，如图 11-6b 所示。

4. 计量光栅刻线数的种类

光栅的刻线数一般为 10 线/mm、25 线/mm、50 线/mm、100 线/mm 和 200 线/mm 等几种。在图 11-6a 中，**W 称为光栅常数，或称栅距**。W 越小，分辨力就越高。例如，某光栅的刻线数为 25 线/mm，则栅距 $W = 1mm/25 = 0.04mm = 40\mu m$。

对于圆光栅来说，两条相邻刻线的中心线之夹角称为**角节距**，每周的栅线数从较低精度的 100 线到高精度等级的 21600 线不等。

5. 光栅的辨向技术

如果只安装一套光电元件，则在实际应用中，无论指示光栅相对于主光栅作正向移动还是反向移动，光敏元件都产生数目相同的脉冲信号，计算机无法分辨移动的方向。所以必须设置 sin 和 cos 两套光电元件，可以得到两个相位相差 90° 的电信号，由计算机判断两路信号相位差的超前或滞后状态，据此判断指示光栅的移动方向。

6. 光栅的细分技术

细分技术又称**倍频技术**，用于分辨比 W 更小的位移量。细分电路能在不增加光栅刻线数（刻线数越多，成本越昂贵）的情况下提高光栅的分辨力。细分电路能在一个 W 的距离内等间隔地给出 n 个计数脉冲。细分后的计数脉冲频率是原来的 n 倍，传感器的分辨力就会成倍提高。

如果仅采用两套光敏元件，则细分数为 4；如果采用 4 套光敏元件，则细分数为 16。

算一算

某光栅的刻线数 N=25 根/mm，采用 n=4 的细分技术，求细分后光栅的分辨力。

卡卡算出来了：$\Delta = W/n = (1mm/25)/4 = 0.04mm/4 = 0.01mm = 10\mu m$。

由以上计算可知，光栅通过 4 细分技术处理后，将原光栅的分辨力提高了 3 倍。

二、光栅传感器的应用

1. 光栅数显表及其在机床进给运动中的应用

光栅数显表能显示技术处理后的位移数据，并给数控加工系统提供位移信号，其组成框图如图11-7所示。在光栅数显表中，放大、整形采用传统的集成电路，辨向、细分由计算机来完成。数显表在机床进给运动中的应用如图11-8所示。机床配置数显表后，大大提高了加工精度和加工效率。

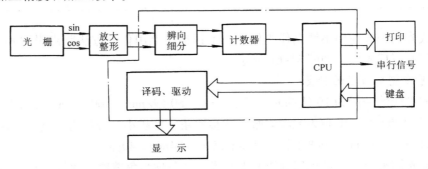

图11-7　光栅数显表的组成框图

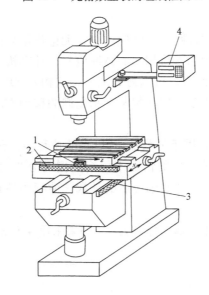

图11-8　数显表在机床进给运动中的应用

1—横向进给位置读数头　2—横向进给尺身　3—纵向进给尺身　4—数显表

以横向进给为例，光栅读数头（指示光栅）固定在工作台上，尺身（主光栅）固定在床鞍上。当工作台沿着床鞍左右运动时，操作者可直接从数显表上看到工作台移动的位移量，机床也能按照设定的程序和得到的位移数据，进行自动加工。

2. 轴环式数显表

图11-9所示为ZBS型轴环式光栅数显表示意图。它的主光栅用不锈钢圆薄片制成，

栅线数为400/周。ZBS可用于中小型机床的进给或定位测量，也适用于机床的改造。例如，把它装在车床进给刻度轮的位置，可以直接读出进给尺寸，减少停机测量的次数。轴环式数显表在车床纵向进给显示中的应用如图11-10所示。

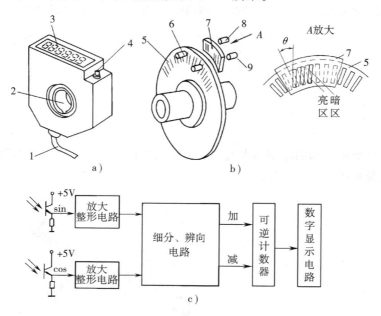

图11-9 ZBS型轴环式数显表

a）外形 b）内部结构 c）测量电路框图

1—电源线（+5V） 2—轴套 3—数字显示器 4—复位开关 5—主光栅
6—红外发光二极管 7—指示光栅 8—sin光敏三极管 9—cos光敏三极管

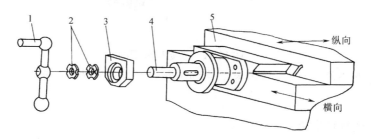

图11-10 轴环式数显表在车床进给显示中的应用
1—手柄 2—紧固螺母 3—轴环式数显表拖板 4—丝杠轴 5—溜板

第三节 磁栅传感器

一、磁栅传感器的基本知识

1. 什么是磁栅
磁栅是利用磁头与磁尺之间的磁感应作用计数的位移传感器。

磁栅传感器的单位长度成本比光栅低。带形磁尺的长度可达30m，可以安装在机床上后再采用"激光定位"录磁，这对于消除安装误差十分有利。

磁栅传感器的缺点是分辨力比光栅低，易磨损，使用时应避免强磁场退磁作用。

2. 磁栅的种类

磁栅可分为**长磁栅**和**圆磁栅**两大类。长磁栅用于直线位移测量，圆磁栅主要用于角位移测量。长磁栅如图 11-11 所示。

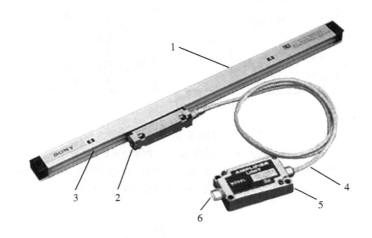

图 11-11　长磁栅外观图

1—尺身　2—滑尺（读数头）　3—密封唇　4—电缆　5—接口盒　6—接插口

3. 磁栅传感器的结构

磁栅传感器主要由**磁尺**、**磁头**和**磁栅数显表**组成。

（1）磁尺　磁尺由磁性金属，或在表面镀一层均匀磁膜的不导磁材料制成。在磁尺上等间距地录上 N、S 交错的磁信号，磁信号的**周期**（又称**节距**）W 通常为 0.05mm、0.1mm、0.2mm。

磁尺按基体形状分有**带形磁尺**、**线形磁尺**（又称**同轴型**）和**圆形磁尺**，如图 11-12 所示。

（2）磁头　磁头中有感应绕组（现在也可采用磁敏电阻）。当磁头与磁尺接触时，磁头绕组能产生感应信号。某磁栅传感器的特性如表 11-2 所示。

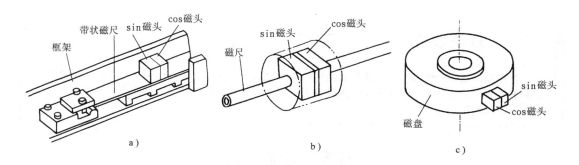

图 11-12 磁尺的分类及结构

a）带形磁尺 b）线形磁尺 c）圆形磁尺

表 11-2 某磁栅传感器的特性

型 号	XCCB	型 号	XCCB
刻线数/线·mm^{-1}	20	最大响应速度/m·min^{-1}	60
分辨力/μm	0.5	激励源/kHz	10
最大误差/μm	±（5 + 5L/1000）	输出信号/个脉冲·μm^{-1}	20（TTL 电平）
全长/mm	L + 143	移动寿命/km	9000
有效长度 L/mm	100 ~ 900	电缆最大长度/m	30
最大行程/mm	L − 22mm		

知 识 沙 龙

ZCB可与多种系列的直线形磁尺兼容，组成直线位移数显装置。具有位移显示、直径/半径及公制/英制转换、数据预置、断电记忆、超限报警、非线性误差修正、故障自检等功能。

计算机对x、y、z三个坐标轴的数据进行处理，能分别显示三个坐标轴的位移数据，并给上位机提供三轴位移信号。磁栅数显表同样可用于如图11-8所示的机床进给位置显示。

二、磁栅数显表及其应用

磁头、磁尺与专用磁栅数显表配合，可用于检测机械位移量，其行程可达数十米，分辨力优于1μm。ZCB-101 鉴相型磁栅数显表的原理框图如图 11-13 所示。

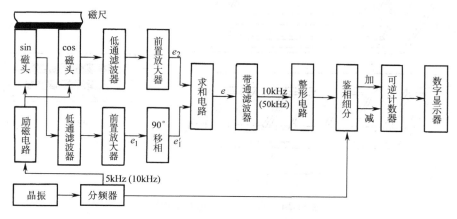

图 11-13 ZCB-101 磁栅数显表的原理框图

第四节　容栅传感器

　　容栅传感器采用印制电路板技术，成本比磁栅低。它还具有体积小、耗电省的特点，广泛应用于电子数显卡尺、千分尺、高度仪、坐标仪中。

　　容栅传感器的缺点是：测量长度和分辨力等指标均比磁栅传感器低。

一、容栅传感器的基本知识

1. 什么是容栅

　　容栅是一种基于变面积工作原理的电容传感器，它的电极排列如同栅状，利用动极板（又称为动尺）与定极板（又称为定尺）之间的电场感应作用产生计数脉冲。

2. 容栅的种类

　　容栅可分为**直线容栅**、**圆盘容栅**和**圆筒容栅**三大类。直线容栅和圆筒容栅用于直线位移测量，圆盘容栅主要用于角位移测量。直线容栅传感器结构简图如图 11-14 所示。

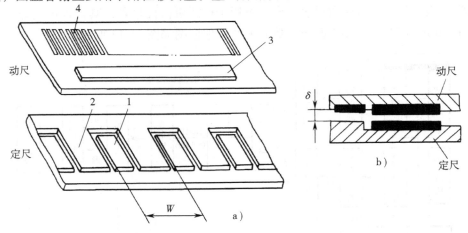

图 11-14　直线容栅传感器结构简图

a）定尺、动尺上的电极　b）定尺、动尺的位置关系

1—反射电极　2—屏蔽电极（接地）　3—接收电极　4—发射电极

二、容栅传感器在数显尺中的应用

1. 数显卡尺

普通测量工具（如游标卡尺、千分尺等）在读数时存在视差。随着容栅传感器性能/价格比的不断提高，在生产中，数显卡尺、千分尺越来越多地替代了传统卡尺。数显卡尺示意图如图11-15所示。

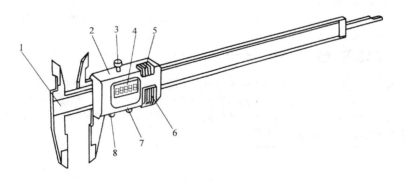

图 11-15　数显卡尺示意图

1—尺身　2—游标　3—游标紧固螺钉　4—液晶显示器
5—串行接口　6—电池盒　7—复位按钮　8—公/英制转换按钮

直线式容栅还可以应用于数显测高仪中，测量范围可达 1m 以上，分辨力可达 5μm。

2. 数显千分尺

数显千分尺如图 11-16 所示，它的分辨力为 0.001mm，重复准确度为 0.002mm，累积误差为 0.003mm。数显千分尺采用的是圆盘容栅。圆盘容栅由旋转容栅和固定容栅组成，圆盘容栅示意图如图 11-17 所示。

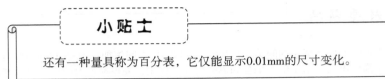

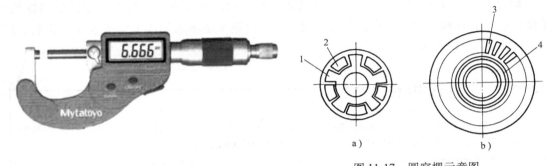

图 11-16　数显千分尺

图 11-17　圆容栅示意图
a）旋转容栅　　b）固定容栅
1—屏蔽电极　2—反射电极　3—发射电极　4—接收电极

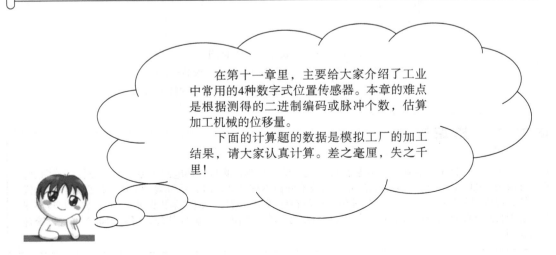

在第十一章里，主要给大家介绍了工业中常用的4种数字式位置传感器。本章的难点是根据测得的二进制编码或脉冲个数，估算加工机械的位移量。

下面的计算题的数据是模拟工厂的加工结果，请大家认真计算。差之毫厘，失之千里！

思考题与习题

1. 单项选择题

1）数字式位置传感器不能用于_____的测量。

A. 机床刀具的位移　　　B. 机械手的旋转角度　　C. 振动加速度　　　　D. 机床的位置控制

2）不能直接用于直线位移测量的传感器是_____。

A. 长光栅　　　　　　　B. 长磁栅　　　　　　　C. 角编码器　　　　　D. 圆容栅

3）绝对式位置传感器输出的信号是_____，增量式位置传感器输出的信号是_____。

A. 模拟电流信号　　　　B. 模拟电压信号　　　　C. 脉冲信号　　　　　D. 二进制码

4）有一只 10 码道绝对式角编码器，细分前能分辨的最小角位移为_____。

A. 1/10　　　　　　　　B. $1/2^{10}$　　　　　　C. $1/10^2$　　　　　D. 36°

E. 0.35°　　　　　　　F. 3.6°

5）有一只 1024P/r 增量式角编码器，在零位脉冲之后，光敏元件连续输出 10241 个脉冲。则该编码器的转轴从零位开始转过了_____。

A. 10241 圈　　　　　　B. 1/10241 圈　　　　　C. 10 又 1/1024 圈　　D. 11 圈

6）有一只 2048P/r 增量式角编码器，光敏元件在 1s 内连续输出了 20480 个脉冲。则该编码器转轴的转速为_____。

A. 20480r/min　　　　　B. 60×20480r/min　　　C.（10 圈/1s）r/min　D. 600r/min

7）某直线光栅每毫米刻线数为 50 线，采用 4 细分技术，则该光栅的分辨力为_____。

A. 5μm　　　　　　　　B. 50μm　　　　　　　　C. 4μm　　　　　　　D. 20μm

8）不能将角位移转变成直线位移的机械装置是_____。

A. 丝杠—螺母　　　　　B. 齿轮—齿条　　　　　C. 蜗轮—蜗杆　　　　D. 皮带轮—皮带

9）光栅中采用 sin 和 cos 两套光电元件是为了_____。

A. 提高信号幅度　　　　B. 辨向　　　　　　　　C. 抗干扰　　　　　　D. 完成三角函数运算

10）容栅传感器是根据电容的_____工作原理来工作的。

A. 变极距式　　　　　　B. 变面积式　　　　　　C. 变介质式

11）粉尘较多的场合不宜采用_____传感器；直线位移测量超过 2m 时，不宜采用_____。

A. 光栅　　　　　　　　B. 磁栅　　　　　　　　C. 容栅

12）测量超过 50m 的位移量应选用_____，属于接触式测量的是_____。

A. 光栅　　　　　　　　B. 光电式角编码器　　　C. 容栅　　　　　　　D. 磁栅

2. 一透射式圆光栅，指标为 3600 线/圈，采用 4 细分技术，求：

1）角节距 θ 为多少？

2）细分前的分辨力为多少？

3）4 细分后该圆光栅数显表每产生一个脉冲，说明主光栅旋转了多少？

4）若测得主光栅顺时针旋转时产生加脉冲（正向脉冲）1200 个，然后又测得减脉冲（反向脉冲）200 个，则主光栅的角位移为多少？

3. 测量身高的传动机构简图如图 11-18a 所示，图 11-18b 所示为测量身高的传动机构简图，请分析图示后完成下列填空。

1）测量体重的荷重传感器应该选择_____，该传感器应安装在_____部位。

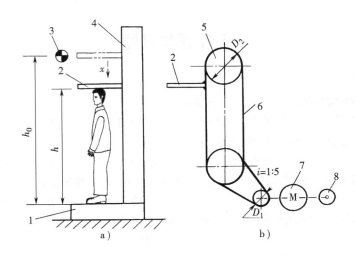

图 11-18 测量身高的装置示意图

a）测量装置外观 b）传动机构简图

1—底座 2—标杆 3—原点 4—立柱 5—带轮 6—传动带 7—电动机 8—光电编码器

2）设传动轮的减速比为 1:5（即 $D_1:D_2=1:5$），则电动机每转一圈，带轮转了_____圈。

3）在身高测量中，若光电编码器的参数为 1K（1024P/r），则电动机每转动一圈，光电编码器产生_____个脉冲。

4）设带轮的直径 $D_2=0.1\text{m}$，则带轮每转一圈，标杆上升或下降_____ m。电动机每转一圈，标杆上升或下降_____ m。每测得一个光电编码器产生的脉冲，就说明标杆上升或下降了_____ m。

5）设标杆原位（基准位置）距踏脚平面的高度 $h_0=2.2\text{m}$，当标杆从图中的原位下移碰到人的头部时，共下降了 0.5m，则该人的身高 $h=$ _____ m。

6）每次测量完毕，标杆回原位是为了_____。

搜一搜

请上网查阅有关"身高测量"装置的网页资料，写出其中一种的型号参数。

第十二章 检测系统的抗干扰技术

作为生产第一线的工程技术人员，经常会遇到测控系统受到干扰而不能正常工作的情况。现在，"干扰"这个名词在某些场合需被"骚扰"所代替。在这一章里，卡卡将给大家介绍几种常见的干扰以及抗干扰的方法，还要介绍几种行之有效的电磁兼容技术。

第一节 噪声干扰及其防护

小实验

我们先来做一个实验。将一台质量不佳的"电子镇流器式台灯"靠近示波器的探头，我们会发现示波器的显示屏上出现大量约 $1\mu s$ 宽度的尖峰波形。

当我们在示波器探头与地线之间并联一只 $0.01\mu F$ 的电容器后，显示屏上的尖峰干扰减小了许多。

当我们将示波器的普通电源插座换上一个"带滤波器的电源插座"后，示波器上的干扰就更小了。另外，如果将"电子镇流器式台灯"插头查到"带滤波器的电源插座"，干扰也会比较明显地减小。

小贴士

在检测技术中，"噪声"并不是单纯指"声音"。

1. 干扰

在测量过程中，往往会发现总是有一些无用的背景信号与被测信号叠加在一起，称之为**噪声**或**骚扰**。如果噪声或骚扰引起设备或系统的性能下降时，习惯上称之为**干扰**。

2. 信噪比

噪声对检测装置的影响必须与有用信号共同分析才有意义。衡量噪声对有用信号的影响常用**信噪比（S/N）**来表示，它是指有用信号电压 U_S 与噪声电压 U_N 之比。信噪比常用对数形式来表示，单位为**分贝（dB）**，即

$$S/N = 20\lg\frac{U_S}{U_N} \tag{12-1}$$

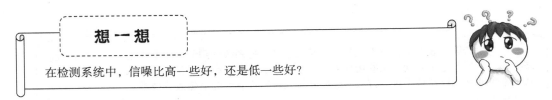

想一想

在检测系统中，信噪比高一些好，还是低一些好？

3. 机械干扰

机械干扰是指机械振动或冲击给电子检测装置造成的影响。例如，将检测仪表直接固定在剧烈振动的机器上或安装于汽车上时，振动可能引起焊点脱焊、已调整好的电位器滑动臂位置改变、电缆接插件滑脱、螺钉松动等。

对于机械干扰，可选用专用减振弹簧—橡胶垫脚或吸振海绵垫来吸收振动的能量，减小振幅，如图 12-1 所示。重要产品均需要做振动形式实验，如图 12-2 所示。

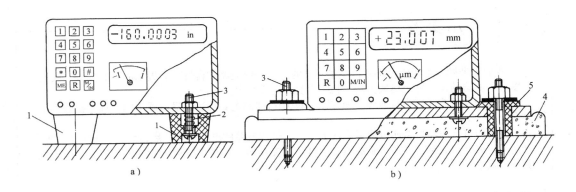

图 12-1　两种减振方法

a）减振弹簧－橡胶垫脚（可移动方式）　b）用橡胶或海绵垫吸收振动能量（永久固定方式）

1—橡胶垫脚　2—减振弹簧　3—固定螺钉　4—吸振橡胶（海绵）垫　5—橡胶套管（起隔振作用）

4. 湿度及化学干扰

潮湿的环境将造成仪器的绝缘强度降低，还可能造成漏电、击穿和短路现象。某些酸性、碱性或腐蚀性气体也会造成与潮湿类似的漏电、腐蚀现象。

在工业中，常将变压器等易漏电的元器件用绝缘漆或环氧树脂浸渍，如图 12-3 所示；将易受潮的电子线路安装在密封的机箱中，箱盖用橡胶圈密封。在洗衣机中，常常将整个印制电路板用防水硅胶密封。

图 12-2　电子秤的振动试验

1—振动台频率、振幅调节面板

2—振动板　3—待测电子秤

（用橡胶带固定在振动台上）

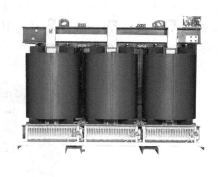

图 12-3　用环氧树脂密封的干式变压器

5. 热干扰

热干扰可分为以下几种情况：

1）各种电子元件均有一定的温度系数。温度升高，电路参数会随之改变，从而引起测量误差。

2）由于电子元件多由不同金属构成，当它们相互连接组成电路时，如果各点温度不均匀，就不可避免地产生热电动势，它叠加在有用信号上就会引起测量误差。

3）元器件长期在高温下工作时，使用寿命、耐压等级将会降低，甚至烧毁。

克服热干扰的防护措施有：尽量采用低功耗、低发热元件，选用低温漂元件，在设计电路时考虑采取软、硬件温度补偿措施，仪器的输入级尽量远离发热元件，加强散热等，图 12-4 所示为采用散热片和电风扇共同散热的电路板。

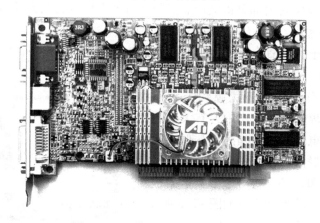

图 12-4　用散热片加电风扇散热

6. 固有噪声干扰

在电路中，电子元件本身产生的、具有随机性的噪声称为**固有噪声**。最主要的固有噪声源是**电阻热噪声**、**半导体噪声**和**接触噪声**等。例如，电视机信号很弱时，屏幕上表现出的雪花干扰就是由固有噪声引起的，如图 12-5 所示。

为了减小电阻热噪声，应尽量不选用高阻值的电阻，还应选用低噪声的半导体元件，减小工作电流，并降低前置级的温度。

图 12-5　电视机的雪花干扰

第二节　电磁兼容技术

一、电磁兼容（EMC）的基本原理

1. 什么是 EMC

EMC 是**电磁兼容**的缩写，其定义为电气及电子设备在共同的电磁环境中能执行各自功能的共存状态，即要求在同一电磁环境中的上述各种设备都能正常工作又互不干扰，达到"兼容"状态。我国对大部分机电产品强制执行上百项电磁兼容标准。

2. EMC 的三要素

电磁干扰源、**干扰传播途径**和**敏感设备**是电磁兼容技术研究的 3 个主要内容。

3. 电磁干扰源

电磁干扰源可分为**自然干扰源**和**人为干扰源**。例如，在自然界和工业生产中，有大量的用电设备产生火花放电，向周围辐射出从低频到甚高频、大功率的电磁波。在工频输电线附近也存在强大的交变电场和磁场，将对十分灵敏的检测装置造成干扰。干扰的测试现场如图 12-6 所示。

图 12-6　输变电网产生电晕放电及
50Hz 高次谐波干扰的测试

4. 干扰的传播途径

干扰的传播途径有两种：**空间辐射**和**导线传导**。必须设法切断这些向敏感设备传播干扰的途径。

5. 敏感设备

工业中，测控设备的输入阻抗、带宽、灵敏度等指标都将影响该设备对电磁干扰的敏感度。测控设备的信号传输线也是接收电磁干扰的主要因素。

EMC 技术主要研究如何使测控设备不响应这些电磁干扰，从而提高设备的抗干扰能力。EMC 干扰三要素之间的联系如图 12-7 所示。

图 12-7　电磁干扰三要素之间的联系

6. 针对 EMC 干扰三要素可采取的措施

（1）消除或抑制干扰源　例如将产生电火花的电气设备撤离检测装置；将整流子电动机改为无刷电动机；在继电器、接触器等设备上增加灭弧措施等。

（2）切断干扰途径　可采取诸如提高绝缘性能、采用隔离变压器、光耦合器等切断干扰途径。对于以辐射的形式侵入的干扰，一般采取各种屏蔽措施。

（3）削弱受扰回路对干扰的敏感性。一个设计良好的检测装置应该具备对有用信号敏感、对干扰信号尽量不敏感的特性，因此，应采取**屏蔽**、**接地**、**滤波**、**光隔**等措施削弱检测装置对干扰的敏感性。

二、屏蔽技术

1. 什么是屏蔽

可以阻断电场或磁场耦合干扰的方法称为**屏蔽**，包括**静电屏蔽**、**磁屏蔽**、**高频磁屏蔽**等。

小实验

如果将收音机放在用铜网（或不锈钢纱窗）包围起来的空间中，并将铜网接大地，可以发现，原来可以收到广播电台信号的收音机变得寂静无声了。

其原因是广播电台发射的电磁波被接地的铜网屏蔽掉了，或者说被吸收掉了。这种现象在火车、电梯以及矿山坑道里都会发生。

2. 静电屏蔽

回顾一下

根据电磁学原理，密闭的空心导体内部无电力线，亦即内部各点等电位。

用铜或铝等导电性良好的金属为材料制作成封闭的金属容器，把需要屏蔽的电路置于其中，使外部干扰电场的电力场不影响其内部的电路。反之，若将金属容器的**外壳接地**，内部电路产生的电力线也无法外逸去影响外电路，如图 12-8 所示，开关电源外壳的静电屏蔽如图 12-9 所示。

静电屏蔽不但能够防止静电干扰，也一样能防止交变电场的干扰。

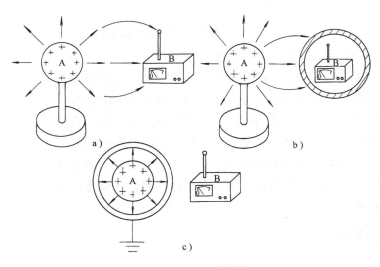

图 12-8　静电屏蔽原理

a）带电体 A 通过电场感应干扰仪器 B　b）仪器 B 放在静电屏蔽盒内，不受带电体 A 的干扰

c）带电体（干扰源）A 放在接地的静电屏蔽盒内，而盒外无电力线

图 12-9　有静电屏蔽功能的开关电源外壳

3. 低频磁屏蔽

低频磁屏蔽是一种隔离低频（主要指 50Hz）磁场和固定磁场（也称静磁场，其幅度、

方向不随时间变化，如永久磁铁产生的磁场）耦合干扰的有效措施。

非导磁的静电屏蔽线或静电屏蔽盒对低频磁场不起隔离作用。这时必须采用高导磁材料作屏蔽层，以便让低频干扰磁力线从磁阻很小的磁屏蔽层上通过，使低频磁屏蔽层内部的电路免受低频磁场耦合干扰的影响。图 12-10 所示为低频磁屏蔽示意图。

知识沙龙

仪器的铁皮外壳就起到低频磁屏蔽的作用。若将其接地，又同时起静电磁屏蔽作用。在干扰严重的地方常使用多层复合屏蔽电缆。

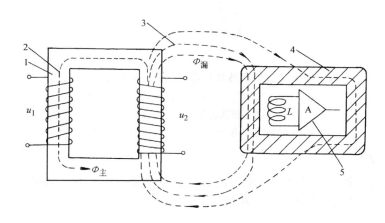

图 12-10　低频磁屏蔽

1—50Hz 变压器铁心　2—主磁通　3—漏磁通　4—导磁材料屏蔽层　5—内部电路

图 12-11 所示为热电偶的一根引线与存在强电流 I_L 的工频（50Hz）输电线靠得太近时，引入磁场耦合干扰的示意图。

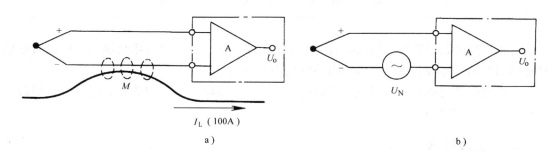

图 12-11　磁场耦合干扰示意图

a）热电偶引线与工频强电流输电线路的互感耦合　b）等效电路

防止磁场耦合干扰途径的办法有：①使信号源引线远离强电流干扰源，从而减小互感量 M；②采用低频磁屏蔽；③采用绞扭导线等。

采用绞扭导线可以使引入信号处理电路两端的干扰电压相互抵消，如图 12-12 所示。

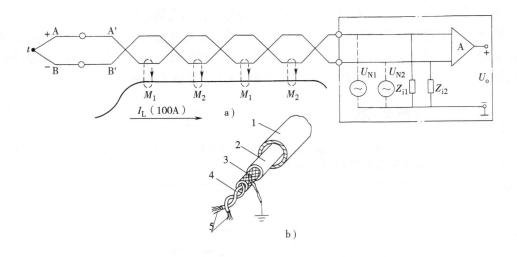

图 12-12　双绞扭导线使磁场耦合干扰相互抵消的示意图

a）抗干扰原理图　b）带低频磁屏蔽的双绞扭屏蔽线

1—低频磁屏蔽软铁管　2—PVC 塑料保护外套

3—铜网编织屏蔽层（接地）　4—双绞扭电缆　5—多股铜芯线

4. 高频磁屏蔽

高频磁场的屏蔽层应采用铜、铝等材料做成屏蔽罩、屏蔽盒、屏蔽管等不同的外形，将被保护的电路包围在其中。它屏蔽的干扰对象不是电场，而是高频（1MHz 以上）磁场。

兴趣平台

干扰源产生的高频磁场遇到导电良好的屏蔽层时，就在其外表面感应出电涡流，从而消耗了高频干扰源磁场的能量，使屏蔽层内部的电路免受高频干扰磁场的影响。

若将高频屏蔽层接地，就同时具有静电屏蔽的功能，也常称为**电磁屏蔽**，即能对电场和磁场同时加以屏蔽，特别是消除高频电磁场的影响。

无线电广播的本质是电磁波，所以电磁屏蔽也能吸收掉它们的能量，高频电磁屏蔽的基本原理如图 12-13a 所示。

三、接地技术

1. 什么是接地

接地起源于强电技术，它的本意是接大地，主要着眼于安全问题。对于仪器、通信、计算机等电子技术来说，"地线"多是指电信号的基准电位，也称为"公共参考端"。它是各级电路的电流通道，还是保证电路稳定工作、抑制干扰的重要环节。它可以接大地，也可以与大地隔绝，例如飞机、卫星上的仪器地线。

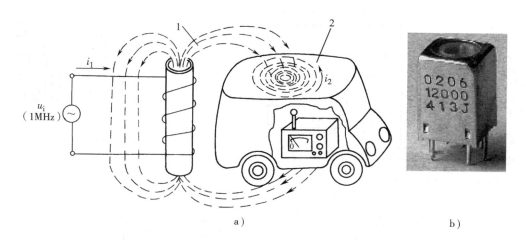

图 12-13 高频电磁屏蔽

a）基本原理 b）高频变压器的屏蔽层外形

1—交变磁场 2—电磁屏蔽层

2. 模拟信号地线

模拟信号地线是模拟信号的零信号电位公共线。因为模拟信号电压多数情况下均较弱、易受干扰，易形成级间不希望的反馈，所以模拟信号地线的横截面积应尽量大些。

3. 数字信号地线

数字信号地线是数字信号的零电平公共线。由于数字信号处于脉冲工作状态，动态脉冲电流在接地阻抗上产生的压降往往成为微弱模拟信号的干扰源，为了避免数字信号对模拟信号的干扰，两者的地线应分别走线，并在某一合适的地点汇集在一起。

4. 混合信号电路对接地线的要求

当电路中既有数字信号，又有模拟信号时，两种信号会相互干扰。数字电路干扰模拟电路的例子如图 12-14 所示。

图 12-14a 所示为错误的接法。它将数字面板表的电源负极（有较大的数字脉冲电流）与被测电压（易受干扰的模拟信号）的负极在数字面板表的接插件上用一根地线连接到印制电路板（PCB 板）上。由于数码管的电流在这段共用地线上产生随显示数字跳变的电压降，使施加到数字面板表接插件上的输入电压受到干扰，数字面板表的示值跳动不止。正确的接线方法如图 12-14b 所示。

小 知 识

图 12-14 中的数字面板表为 $3\frac{1}{2}$ 位电压表，满度值为 1.999V，最低位为 1mV。该数字面板表内部包含了高分辨率的 A/D 转换器和 LED 数码管及其驱动电路。前者为模拟电路，而后者为数字电路，且工作电流较大。

将数字电路的地线与模拟电路的地线分开设置，在 PCB 板上再短接在一起，即使经长线传输，也不会相互干扰。

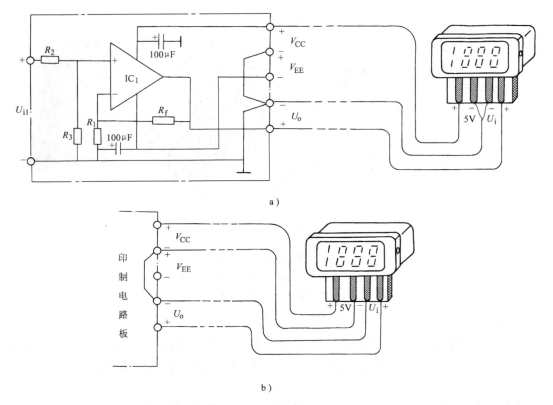

图 12-14　数字电路对模拟电路的干扰

a）错误接法　b）正确接法（模拟、数字地线分开设置）

四、滤波技术

1. 滤波器的种类

滤波器有**高通**、**低通**、**带通**、**带阻**等几种。在检测系统中，多使用低通滤波器抑制交流电信号干扰。

2. 低通滤波器

所谓**低通滤波器**，是只允许直流信号或缓慢变化的极低频率的信号通过，而不让较高频率的信号通过的电路。它包括**电源线滤波器**和**信号线滤波器**等。

3. RC 信号线滤波器

在使用信号源为热电偶、应变片等信号变化缓慢的传感器时，可串接一个小体积、低成本的无源 RC 低通滤波器，它将对 50Hz 及更高频率的干扰有较好的抑制作用。对称的 RC 低通滤波器电路如图 12-15 所示。

4. 交流电源滤波器

电源网络会吸收各种高、低频噪声，因此经常使用 **LC 交流电源滤波器**（又称为**电源线 EMI 滤波器**）来抑制混入电源的噪声，如图 12-16 所示。

电源线 EMI 滤波器实际上是一种低通滤波器，它能无衰减地将直流或 50Hz 以下低频电源功率传送到用电设备上，并能大大衰减经电源传入的干扰信号，保护设备免受其害。

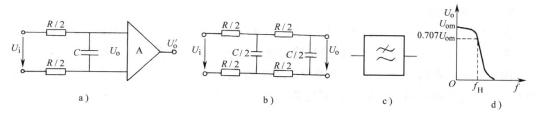

图 12-15　串模干扰信号滤波器

a）单节 RC 滤波器与放大器的连接　b）双节 RC 滤波器
c）低通滤波器图形符号　d）频率特性

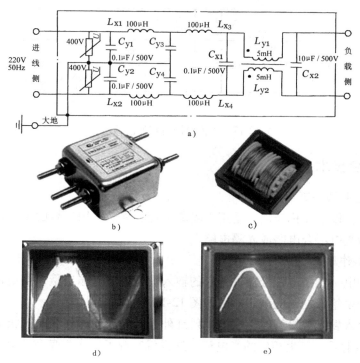

图 12-16　交流电源滤波器

a）电路　b）外形　c）共模电感外形　d）滤波前受"污染"的工频波形　e）滤波后工频波形

共模电感 L_{y1}、L_{y2} 是绕在同一个磁环上的两个独立线圈，其外形如图 12-16c 所示。两个线圈的圈数相等，绕向相同，流过的电流方向相反，可以滤除频率较低的干扰。流经两个线圈的负载电流虽然较大，但完全相等，各自产生的磁场在磁环内相互抵消，因此不会对负载造成影响。

小贴士

图12-16中的压敏电阻能吸收因雷击等引起的浪涌电压干扰。
购买开关电源、UPS、变频器或各种电子调压器时，也必须查询该电源是否带有符合电磁兼容标准的滤波器。

5. 直流电源滤波器

直流电源往往为几个电路所共用，为了避免电源内阻造成的几个电路间互相干扰，应在每个电路的直流电源上加上 **RC 退耦滤波电路**或 **LC 退耦滤波电路**，如图 12-17 所示。

图中的电解电容用来滤除低频噪声，在电解电容旁边并联一个自身分布电感很小的 1000pF ～ 0.1μF 叠层**磁介电容**（独石电容），用来滤除高频噪声。

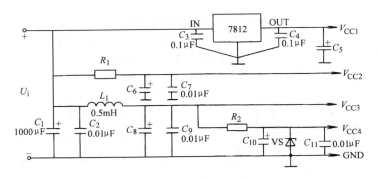

图 12-17　直流电源退耦滤波器电路

五、光耦合技术

1. 什么是光电耦合器

光电耦合器，以下简称光耦，是用于隔离干扰、传输有用信号的半导体器件。带有光耦的电路简称为光电耦合电路或光隔电路。

2. 光耦的工作原理

光耦是一种电→光→电耦合器件，它的输入量是电流，输出量也是电流，可是两者之间从电气上看却是绝缘的，光耦示意图如图 12-18 所示。

当有电流流入发光二极管时，它即发射红外光，光敏元件（光敏三极管、光敏晶闸管等）受红外光照射后，产生相应的光电流，这样就实现了以光为媒介的电信号的传输。

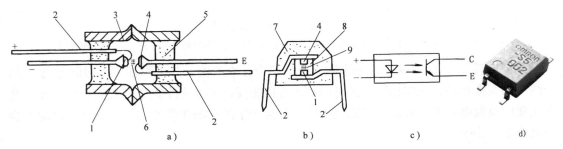

图 12-18　光耦示意图

a）管形轴向封装剖面图　b）双列直插封装剖面图　c）图形符号　d）外形

1—发光二极管　2—引脚　3—金属外壳　4—光敏元件　5—不透明玻璃绝缘材料

6—气隙　7—黑色不透光塑料外壳　8—透明树脂　9—红外线

3. 光耦的特点

1）输入、输出回路绝缘电阻高（大于 $10^9\Omega$）、耐压超过 1kV。

2）输入、输出回路在电气上是完全隔离的，能很好地解决不同电位、不同逻辑电路之间的隔离和传输的矛盾。

4. 光耦应用举例

图 12-19 所示为用光耦传递信号并将输入回路与输出回路隔离的例子。光耦的红外发光二极管经两只限流电阻 R_1、R_2 跨接到三相电源路中。当交流接触器未吸合时，流过光耦中的红外发光二极管 VL_1 的电流为零，所以光耦中的光敏晶体管（光敏三极管）V_1 处于截止状态，U_E 为低电平，指示灯 VL_2 暗。

当交流接触器吸合后，有电流流过光耦中的发光二极管 VL_1，U_E 为高电平时指示灯 VL_2 亮。

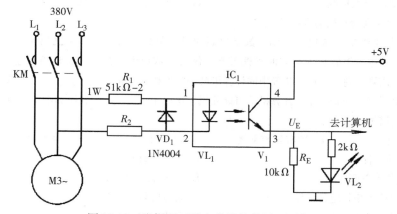

图 12-19 光耦用于强电信号的检测、隔离

在以上这个例子中，使用光耦的主要目的并不全在于传输信号。因为直接将 220V 电

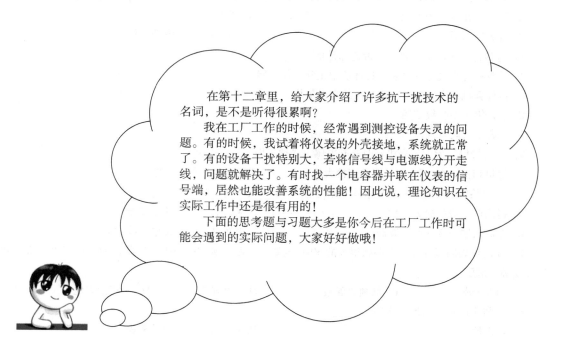

在第十二章里，给大家介绍了许多抗干扰技术的名词，是不是听得很累啊？

我在工厂工作的时候，经常遇到测控设备失灵的问题。有的时候，我试着将仪表的外壳接地，系统就正常了。有的设备干扰特别大，若将信号线与电源线分开走线，问题就解决了。有时找一个电容器并联在仪表的信号端，居然也能改善系统的性能！因此说，理论知识在实际工作中还是很有用的！

下面的思考题与习题大多是你今后在工厂工作时可能会遇到的实际问题，大家好好做哦！

压经电阻衰减后送到反相器也能得到开关信号。但这样做势必把有危险性的强电回路与计算机回路连接在一起，使计算机主板带电，甚至有烧毁计算机、使操作者触电的可能。

思考题与习题

1. 单项选择题

1）测得某检测仪表的输入信号中，有用信号为 20mV，干扰电压亦为 20mV，则此时的信噪比为_____。欲提高信噪比，可采取_____的方法。

A. 20dB   B. 1dB   C. 0dB   D. 40dB

E. 提高仪表的放大倍数   F. 减小仪表的放大倍数

G. 设法增大仪表的有用输入信号

2）附近建筑工地的打桩机一开动，数字仪表的显示值就乱跳，这种干扰属于_____，应采取_____措施。一进入类似我国南方的黄梅天气，仪表的数值就明显偏大，这属于_____，应采取_____措施。盛夏一到，某检测装置中的计算机就经常死机，这属于_____，应采取_____措施。车间里的一台电焊机一开始工作，计算机就可能死机，这属于_____，在不影响电焊机工作的条件下，应采取_____措施。

A. 电磁干扰   B. 固有噪声干扰   C. 热干扰   D. 湿度干扰

E. 机械振动干扰   F. 改用指针式仪表

G. 降温或移入空调房间   H. 重新启动计算机

I. 在电源进线上串接电源滤波器   J. 立即切断仪器电源

K. 不让它在车间里电焊   L. 关上窗户

M. 将机箱密封或保持微热   N. 将机箱用橡胶—弹簧垫脚支撑

3）调频（FM）收音机未收到电台时，扬声器发出烦人的"流水"噪声，这是_____造成的。

A. 附近存在电磁场干扰   B. 固有噪声干扰

C. 机械振动干扰   D. 空气中的水蒸气流动干扰

4）考核计算机的电磁兼容是否达标是指_____。

A. 计算机能在规定的电磁干扰环境中正常工作的能力

B. 该计算机不产生超出规定数值的电磁干扰

C. 该计算机不降级使用

D. 3 者必须同时具备

5）发现接触某检测仪表机箱时有麻电感，必须采取_____措施。

A. 将机箱接自来水管   B. 将机箱接大地   C. 采取低频磁屏蔽措施

6）发现某检测缓变信号的仪表输入端存在 50Hz 差模干扰，应采取_____措施。

A. 提高前置级的放大倍数   B. 在输入端串接高通滤波器

C. 在输入端串接低通滤波器   D. 在电源进线侧串接电源线滤波器

7）检测仪表附近存在一个漏感很大的 50Hz 电源变压器（例如电焊机变压器）时，该仪表的机箱和信号线必须采用_____。

A. 静电屏蔽   B. 低频磁屏蔽   C. 高频磁屏蔽   D. 机箱接大地

8）飞机上的仪表接地端必须_____。

A. 接大地   B. 接飞机的金属构架及蒙皮

C. 接另一台仪表的公共参考端

9）经常看到数字集成电路的 V_{DD} 端（或 V_{CC} 端）与地线之间并联一个 $0.01\mu F$ 的独石电容器，这是为了_____。

A. 滤除 50Hz 锯齿波　　　　　　　　　B. 滤除模拟电路对数字电路的干扰信号

C. 滤除印制电路板数字 IC 电源走线上的脉冲尖峰电流

10）光耦是将_____信号转换为_____信号再转换为_____信号的耦合器件。

A. 光→电压→光　　　　B. 电流→光→电流　　　　C. 电压→光→电压

2. 某检测系统由热电偶、放大器和带 A/D 转换器的数显表组成，如图 12-20 所示。请指出图中与接地有关的错误之处并加以改正。

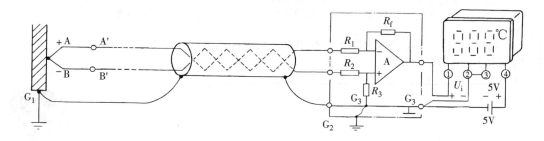

图 12-20　热电偶测温电路接线图改错

上网查一查有关EMC测试的网页资料，写出其中一种EMC测试仪器的技术指标。

第十三章　检测技术的综合应用

我们已经学过了十几种传感器的工作原理和特性参数，并了解了它们的一些实际应用。但是在现代工业中，往往不是单独地使用一种传感器，而是综合应用各种传感器来组成现场检测仪表。

在这一章里，卡卡要给大家简单介绍一下现代检测系统的结构和涉及到的硬件，还要给大家讲几个典型的应用实例。

第一节　现代检测系统的基本结构

一、现代检测系统的 3 种基本结构体系

现代检测系统可分为智能仪器结构、个人仪器结构和自动测试系统结构等 3 种基本结构体系。

1. 智能仪器

智能仪器是将微处理器、存储器、接口芯片、人机对话设备以及传感器有机地融合在一起组成的检测系统。它有专用的小键盘、开关、按键及显示器（如数码管或点阵液晶屏）等，多使用汇编语言，体积小，专用性强。图 13-1 所示为智能仪器的典型硬件结构图。

2. 个人仪器

个人仪器简称 **PI**，又称**个人计算机仪器系统**。它是以个人计算机（必须符合工控要求）配以适当的硬件电路与传感器组合而成的检测系统。由于它是基于个人计算机基础上的仪器，所以称为个人仪器。个人仪器的典型硬件结构框图如图 13-2。

组装个人仪器时，将传感器信号接到相应的接口板上，再将接口板插到工控机的 USB 接口上或总线扩展槽中，配以相应的软件，就可以完成自动检测功能。

3. 自动测试系统

自动测试系统（缩写 ATS）是以工控机为核心，以标准接口总线为基础，以可程控的多台智能仪器或个人仪器为下位机组合而成的一种现代检测系统。自动测试系统的原理框图如图 13-3 所示。

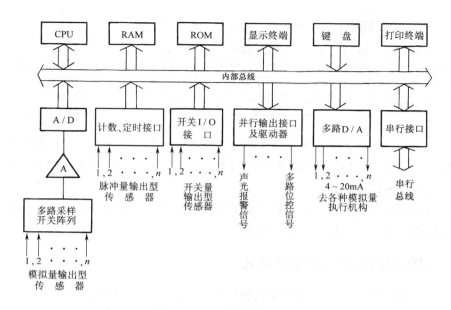

图 13-1　智能仪器典型硬件结构图

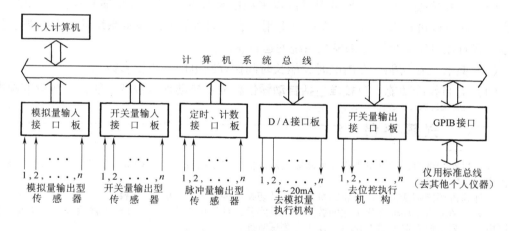

图 13-2　个人仪器的典型硬件结构框图

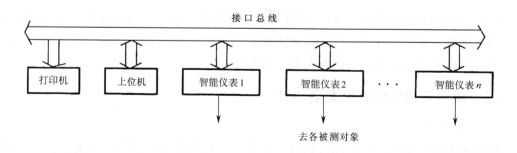

图 13-3　自动测试系统原理框图

　　现代化车间中，一条流水线上往往要安装几十、上百个传感器，上位机利用预先编程的测试软件，对每一台智能仪器进行参数设置、数据读写，并且还能利用其计算、判断能力控制整个系统的运行。

　　许多自动测试系统还可以作为服务器工作站加入到互联网络中，成为网络化测试子系统，实现远程监测、远程控制、远程实时调试。

二、现代检测系统的特点及功能

　　(1) 设计灵活性高　只需更改少数硬件接口，通过修改软件就可以显著改变功能，从而使产品按需要发展成不同的系列，降低研制费用，缩短研制周期。

　　(2) 操作方便　使用人员可通过键盘来控制系统的运行。系统通常还配有 CRT 屏幕显示，因此可以进行人机对话，在屏幕上用图表、曲线的形式显示系统的重要参数、报警信号，有时还可用彩色图形来模拟系统的运行状况。

　　(3) 具有记忆功能　在断电时，能长时间保存断电前的重要参数。

　　(4) 有自校准功能　**自校准**包括**自动零位校准**和**自动量程校准**，能提高测量准确度。

　　(5) 具有自动故障诊断功能　所谓**自动故障诊断**就是当系统出现故障无法正常工作时，只要计算机本身能继续运行，它就转而执行故障诊断程序，按预定的顺序搜索故障部位，并在屏幕上显示出来，从而大大缩短了检修周期。

三、检测系统中的几种重要硬件

1. 采样开关

　　采样开关用于接通或断开输入信号。工业中，对采样开关的要求是速度快、体积小，所以不能采用电工继电器。常用的采样开关主要有两种，一是**干簧继电器**，二是 **CMOS 模拟采样开关**。

（1）干簧继电器　干簧继电器由驱动线圈控制它的簧片（干式触点）分断和接通信号电路。干簧继电器具有簧片质量小、动作比普通继电器快、触点不易氧化、接触电阻小、绝缘电阻高等优点，但不能通过较大的负载电流。驱动线圈的驱动功率约几十毫瓦，舌簧的动作速度在1ms左右。干簧继电器如图13-4所示。干簧管主要用于干扰电压或被切换信号电压较高的场合。

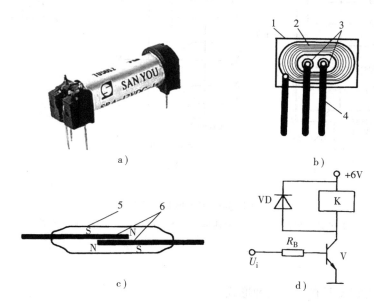

图 13-4　干簧继电器

a）外形　b）侧视图　c）H形干簧管　d）驱动电路

1—外壳　2—驱动线圈　3—干簧管　4—引脚　5—玻壳　6—磁性簧片

知识沙龙

干簧继电器中的干簧管自身也是一种十分简单的传感器。干簧管与一块磁铁就可以组成接近开关。它在水位控制、电梯"平层"控制、防盗报警等方面得到应用，其优点是体积较小，触点可靠性较高，属于"无源"传感器，感兴趣的读者可以上网查阅干簧管式防盗报警器方面的内容。

（2）CMOS模拟采样开关

CMOS模拟采样开关如图13-5所示。它是一种专门用于传输模拟信号的可控半导体开关。

在自动检测系统中常采用多路CMOS模拟采样开关集成电路，如八选一开关（74HC4051）、四选一开关（CD4052）等。其结构如图13-5a、b所示。

CMOS模拟开关的优点是集成度高，动作快（小于1μs）、耗电少等。缺点是导通电阻较大、各通道间有一定的漏电、击穿电压低、易损坏等。

2. 放大器

检测系统对放大器的主要要求是：准确度高、温漂小、共模抑制比高、频带宽的直流

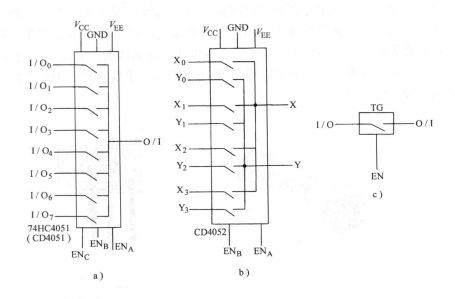

图 13-5　CMOS 模拟开关

a）八选一多路开关　b）双四选一多路开关　c）模拟开关的图形符号

放大器。

目前常用的放大器有以下几种形式。

① 高精度、低漂移的双极型放大器，如 OP-07 等。

② 隔离放大器。它带有线性光电隔离器，有很高的抗共模干扰能力。

③ 专用的仪用放大器。它的各项技术指标均能符合工业检测系统的要求，但价格较昂贵。

第二节　传感器在温度、压力测控系统中的应用

热工参数是工业检测的重要的内容，下面介绍陶瓷隧道窑热工量测控系统，涉及温度和压力方面的巡回检测，有一定的典型性。

一、系统简介

陶瓷厂的瓷坯由窑车送入烧窑隧道中，经过一定的烧制工程，就变为成品。计算机检

测燃烧室的温度及压力，从而控制每个喷油嘴及风道蝶阀的开闭程度，整个燃烧过程需要符合给定的"烧成曲线"。

系统主机采用工控机，它带有硬盘、总线接口、液晶彩显和打印机等。本系统把巡回数据采集电路及控制电路装在一个独立的接口箱中，其中装有定时器、计数器、并行输入/输出接口等，接口箱与主机之间通过一块并行接口插卡连接，插入总线扩展槽（例如 ISA 槽、PCI 槽等），也可以通过 USB 接口进行通信。隧道窑计算机检测控制系统框图如图 13-6 所示。

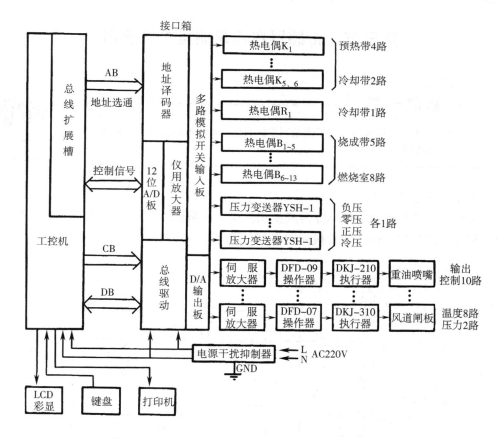

图 13-6　隧道窑测控系统框图

二、系统原理及工作过程

（1）检测部分的工作原理　系统的测温点共 20 点，采用分度号 K 型（镍铬-镍硅）热电偶测量温度较低的预热带温度；用分度号 B 型（铂铑$_{30}$-铂铑$_6$）及分度号 R 型（铂铑$_{13}$-铂）热电偶分别测量温度较高的燃烧室、烧成带、冷却带的温度。

压力检测点共 4 点，采用 YSH-1 压力变送器。它们的输出信号经 CMOS 模拟开关切换后送到公用前置放大器。前置放大器采用低温漂、高精度的"仪用测量放大器"。它的增益（放大倍数）可由计算机程序控制。以上几十点信号是由计算机通过巡回检测技术来完成的。

（2）控制部分的工作原理 本系统采用12路8位数模转换器来获得4～20mA的电流输出，并经伺服放大器分别控制隧道窑喷油嘴及风道蝶阀的开合度。

（3）巡回检测 本项目中，传感器的个数超过20点。计算机不可能在同一时刻读取所有传感器来的信号，而是先向地址译码器发送第一个传感器的地址，采样开关接通该传感器信号到放大器。在A/D转换结束后，计算机读取第一个传感器的输出，这在检测技术中称为"采样"。然后计算机发送第二个传感器地址，对第二个传感器采样……直至全部传感器均被采样完毕为止。这种采样方式称为"巡回检测"。

第三节 传感器在流量测量中的应用

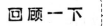

回顾一下

在第五章中，较详细地介绍了流量测量的原理。若将瞬时流量进行累加，就可以得到累积流量。

1. 什么是流量积算仪

测量和显示累积流量的仪器称为流量积算仪，电路框图如图13-7所示，外形如图13-8所示，某系列流量积算仪的特性指标如表13-1所示。

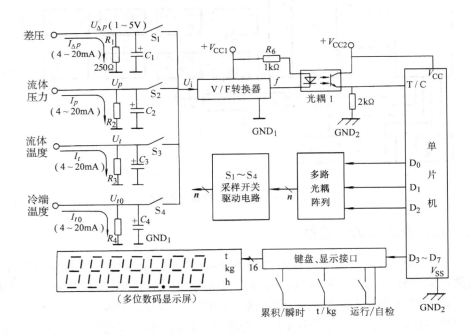

图13-7 智能化流量积算仪计算机接口电路原理框图

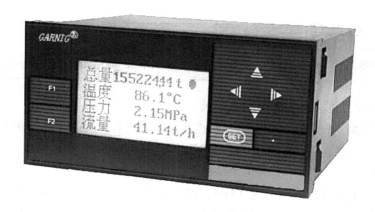

图 13-8　智能化流量积算仪外形

表 13-1　TFL-N 系列流量积算仪主要技术指标

显示方式	LCD 液晶显示（5 位瞬时量，8 位累积量）	显示方式	LCD 液晶显示（5 位瞬时量，8 位累积量）
瞬时流量测量范围	$0 \sim 999.99t/h$	脉冲输出电压峰峰值	5V
瞬时流量分辨力	$0.01m^3/h$	输出信号当量	1000 个脉冲相当于 1t
累积流量最大显示值（总量）	$999999.99t$	显示仪表工作温度	$-25℃ \sim +50℃$
累积流量分辨力	$0.001m^3$	存储温度	$-40℃ \sim +70℃$
显示瞬时流量误差	$\pm 0.5\% FS$	流量传感器使用温度	$-25℃ \sim +150℃$
显示累积流量误差	$\pm 0.02\% FS$	工作电源	锂电池 ER14500 × 2 节，或外接 DC12V ~ 24V
输出远传脉冲信号宽度	0.15ms	电源极限电压	27V
脉冲远传距离	200m	工作电流	$\leqslant 200\mu A$
脉冲输出短路保护	连续	背光显示电流	30mA（2min 自动关闭）

2. 流量累积计算

计算机先根据图 13-7 中的差压传感器信号，计算出流量的瞬时值，再将每一秒钟的体积流量进行累加，并乘以被测液体的密度，以 t 为单位，显示累加结果。

算一算

在图 13-7 中，当差压信号为 20mA 时，施加在采样开关 S_1 输入端的电压 $U_{\Delta p}$ 为多少伏？

3. 为什么还需要使用压力和温度的传感器

如果未考虑流体的压力和温度，计算流量时将产生较大的误差，所以必须进行压力、温度补偿。测量压力和温度可分别使用电容式压力变送器和各种温度变送器。

小贴士

不要使光隔之前与光隔之后的公共参考端GND₁和GND₂接到一起，否则将失去光隔的意义。

4. 图 13-7 中，为什么要使用很多光耦

使用多路光耦，能将左边的传感器回路及继电器与右边易受干扰的单片机回路彻底隔离开来。

5. 图 13-8 中，右边的 4 个三角形按键起何作用

为了选择显示吨（t）、或千克（kg）、或立方米（m³）等不同的单位，也为了对瞬时流量和累积流量进行超限报警，积算仪面板上还必须设置选择按键，由单片机读取不同的选择方式，并在数码管的右边显示出相应的单位。

第四节　传感器在现代家电中的应用

在家电产品中，人们大量应用传感器和测试技术来提高产品的性能和质量。例如，在全自动洗衣机、空调、煤气热水器、电磁灶中，都安装了多种传感器来完成温度、压力、水位、人体保护等功能。在这一节中，我们将以模糊洗衣机的测控为例加以说明。

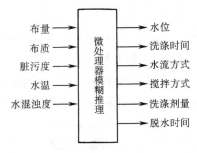

一、模糊洗衣机的基本原理

模糊洗衣机以人们洗衣操作的经验作为模糊控制的依据，采用多种传感器将洗衣状态信息检测出来，自动判断衣物的数量（重量）、布料质地（粗糙、软硬）、脏污程度，并将这些信息送到计算机中。经逻辑处理后，选择出最佳的洗涤参数，从而决定水位的高低、洗涤时间、搅拌与水流方式、脱水时间等，对洗衣全过程进行自动控制。达到最佳的洗涤效果。模糊逻辑功能不但使洗衣机省电、省水、省洗涤剂，又能减少衣物磨损。图 13-9 示出了模糊控制洗衣机的模糊推理。模糊洗衣机的结构示意图如图 13-10 所示。

图 13-9　模糊洗衣机的模糊推理

二、模糊洗衣机的测控技术

1. 布量和布质的判断

在洗涤之前，先控制电磁阀注入一定的水，然后起动电动机，使衣物与洗涤桶一起旋

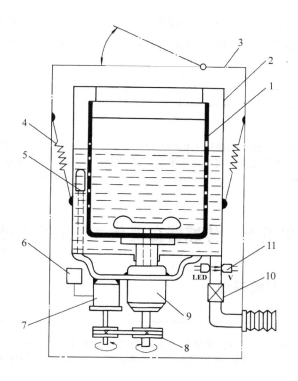

图 13-10　模糊洗衣机的结构示意图

1—脱水缸（内缸）　2—外缸　3—外壳　4—悬吊弹簧（共四根）　5—水位传感器　6—布量传感器
7—变速电动机　8—带轮　9—减速、离合、制动装置　10—排水阀　11—光电传感器

转。然后断电，让电动机依靠惯性继续运转直到停止。由于不同的布量和布质（硬/软）所产生的"布阻抗"大小、性质都不相同，所以导致电动机的起动和停转的过程、时间也不相同。微处理器根据预先输入的经验公式来判断出布量和布质，从而决定搅拌和洗涤方式。

2. 水位的判断

不同的布量需要不同的水位高度。水位传感器采用压力原理，水位越高，对水位传感器中膜盒的压力就越大。微处理器根据水位传感器的输出，判断是否到达预设值水位。

3. 水温的判断

洗衣过程中，如果提高水温可以提高洗涤效果，减少洗涤时间。微处理器根据不同的衣质决定水温的高低。水温可由半导体集成温度传感器来测定。

4. 水的浑浊度的测定

浑浊度的检测采用红外光电"对管"来进行，它们安装在排水阀的上方。恒定电流流过红外 LED，它发出的红外光透过排水管中的水柱到达红外光敏三极管，光强的大小反映了水的浑浊程度。

随着洗涤的开始，衣物中的污物溶解于水，使得透光度下降。洗涤剂加入后，透明度更进一步下降。当透明度恒定时，则认为衣物的污物已基本溶解于水，洗涤程序可以结束，打开排水阀，脱水缸高速旋转。由于排水口在脱水时混杂着大量的紊流气泡，使光线散射。当光的透过率为恒值时，则认为脱水过程完毕，然后再加清水漂洗，直到水质变清、无泡沫、透明度达到设定值时，则认为衣物已漂洗干净，经脱水程序后整个洗涤过程完毕。

想一想

在衣物甩干过程中，若衣物在甩干桶中不平衡，将产生什么现象？可利用哪种传感器来检测？计算机将如何纠正不平衡？请回家观察洗衣机的工作过程！

第五节　传感器在现代汽车中的应用

一、现代汽车的测控系统

汽车类型繁多，结构比较复杂，大体可分为发动机、底盘和电气设备三大部分，每一部分均安装有许多检测和控制用的传感器。与传感器有关联的测控框图如图13-11所示。

现代汽车的工作过程均是在**电控单元 ECU** 控制下进行的。ECU 的外形及内部原理框图如图 13-12 所示。

二、现代汽车中的传感器及其作用

1. 空气系统中的传感器及其作用

（1）空气流量传感器　ECU 根据车速、功率（载重量、爬坡等）等不同运行状况，控制电磁调节阀的开合程度来增加或减少空气流量。

空气流量传感器有多种类型，使用较多的有类似于图 2-32 介绍的热丝式气体测速仪。

（2）空气温度传感器　NTC 热敏电阻式气温传感器用于测量进气温度，以便修正因气温引起的空气密度变化。NTC 气温传感器的外形以及阻值 R 与气温 t 的关系特性如图13-13所示。

（3）汽车的"油门"的控制　油门踏板的控制对象并不直接是油门，实际上是控制进气道的节气门开度，以改变进气流通截面积，由此控制发动机的功率。ECU 测得节气门的开度，控制喷油器的喷油量。节气门的开度是利用图 2-1a 所示的圆盘式电位器来检测的。油门踏板踏下时，带动电位器转轴，输出 0 ~ 5V 的电压反馈给 ECU。

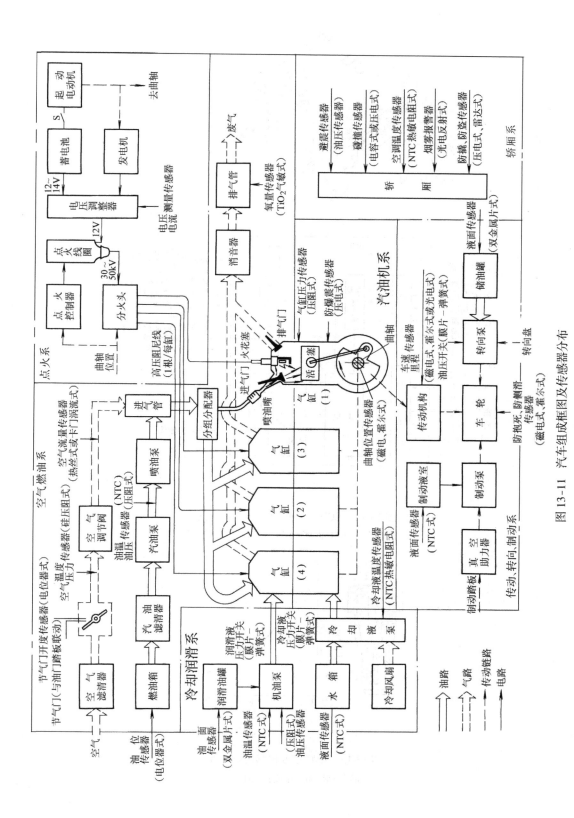

图 13-11 汽车组成框图及传感器分布

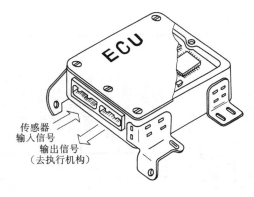

a)

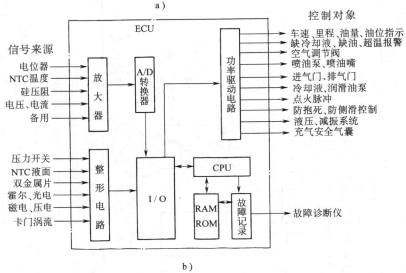

b)

图 13-12　ECU 的外形及内部原理框图

a）外形　b）ECU 内部原理框图及输入/输出信号

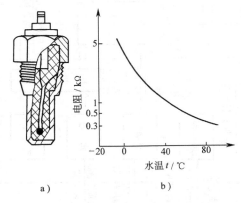

a)　　　　　　　　b)

图 13-13　NTC 温度传感器及特性

a）外形　b）温度特性曲线

想一想

当汽车从平原行驶到高原时，大气压力和含氧量发生变化，要增加进气量还是减少进气量？大气压的测量可使用哪几种传感器？

2. 燃油系统中的传感器及其作用

（1）油压的测量　油压的测量采用半导体压阻式固态压力传感器，如图 13-14 所示，特性参数如表 13-2 所示。

图 13-14　半导体压阻式固态压力传感器

表 13-2　WYYG 压阻式压力传感器特性指标

测量范围	0～50MPa	测量精度	0.5％FS
输出信号	满量程 100mV	工作电源	1.5mA 或 9V
零位误差	≤±5mV	工作温度	−40～110℃

ECU 再根据货物载重量及爬坡度、加速度、车速度等负载条件和运行参数，调整喷油量。

（2）油温的测量　燃油温度会影响燃油的粘稠度及喷射效果，所以通常采用第二章介绍过的 NTC 热敏电阻温度传感器来测量油温。

（3）氧含量的测量　现代汽车还在排气管前端安装一只图 2-25 所示的**氧含量传感器**。当排气中的氧含量不足时，由 ECU 控制增大空燃比，改变油气浓度，提高燃烧效率，减少黑烟污染。

3. 发动机点火系统中的传感器及其作用

（1）发动机曲轴角度的测量　可以利用图 4-8 所示的**电涡流转速传感器**或图 4-13 所示的"**电感接近开关**"以及**电磁式转速传感器**来测量发动机曲轴角度。转速表的输出脉冲频率与发动机转速成正比。

（2）缸压的测量　在发动机缸壁上，还安装有一只**缸压传感器**，用于测量燃烧压力，以得到最佳燃烧效果。

4. 传动系统中的传感器及其作用

（1）车速和公里数的测量　为了检测汽车的行驶速度和里程数，ECU 将曲轴转速信号与车轮周长进行适当的换算，可以得到车速和公里数。

（2）车轮速度的测量　汽车在行驶过程中还必须保持驱动车轮在冰雪等易滑路面上的稳定性并防止侧偏力的产生，故在前后四个车轮中安装有**车轮速度传感器**。

当发生侧滑时，ECU 分别控制有关车轮的制动控制装置及发动机功率，提高行驶的稳定性和转向操作性。

（3）车轮**独立悬挂**的测控　为了减小汽车在崎岖的道路上的颠簸，提高舒适性，ECU 还能根据四个车轮的独立悬挂系统的受力情况，控制油压系统，调节四个车轮的高度，跟踪地面的变化，保持轿厢的平稳。

小知识

当汽车紧急制动时，汽车减速的外力主要来自地面作用于车轮的摩擦力，即所谓的地面附着力。而地面附着力的最大值出现在车轮接近抱死而尚未抱死的状态。这就必须设置一个"防抱死制动系统"又称为ABS。

5. 什么是 ABS

ABS 由车轮速度传感器（例如霍尔传感器）、ECU 以及电-液控制阀等组成。ECU 根据车轮速度传感器来的脉冲信号控制电液制动系统，使各车轮的制动力满足少量滑动但接近抱死的制动状态，以使车辆在紧急刹车时不致失去方向性和稳定性。

6. 还有哪些车用传感器

现代汽车中还设置了电位器式**油箱油位**传感器、热敏电阻式**缺油**报警传感器、双金属片式**润滑机油缺油**报警传感器、**机油油压**传感器、**冷却水水温**传感器、**车厢烟雾**传感器、**空调自起动温度**传感器、**车门未关紧**报警传感器、**保险带未系**传感器、**雨量**传感器以及霍尔式直流大电流传感器等。汽车在维修时还需要另外一些传感器来测试汽车的各种特性，例如 **CO**、**氮氢化合物**测试仪以及专用故障测试仪等。

第六节　传感器在数控机床中的应用

一、位置检测装置在进给控制中的应用

数控机床中很重要的一个指标是"进给运动"的位置定位误差和重复定位误差，所以必须采用高准确度的位置检测装置。卸掉外壳后的数控车床内部结构如图13-15所示。

数控车床加工时，伺服电动机带动拖板运动。光电角编码器产生与直线位移成正比的脉冲信号，由数控系统驱动伺服电动机，经滚珠丝杠螺母副带动拖板作精确的直线位移

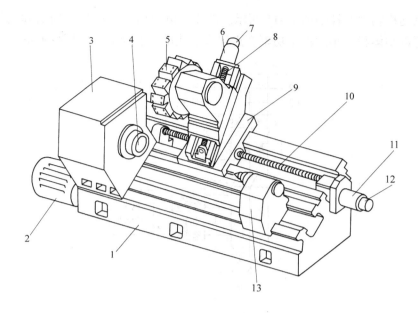

图 13-15 数控车床内部结构（卸掉外壳后）

1—床身 2—主轴电动机 3—主轴箱 4—主轴 5—回转刀架 6—X 轴进给伺服电动机
7—X 轴光电角编码器 8—X 轴滚珠丝杠 9—拖板 10—Z 轴滚珠丝杠
11—Z 轴进给伺服电动机 12—Z 轴光电角编码器 13—尾架

运动。

在更精密的数控机床中，还可以使用磁栅或光栅来代替角编码器。

二、传感器在数控机床的自适应控制中的应用

1. 数控机床的自适应控制

在切削过程中，数控系统必须根据切削环境的变化，适时进行补偿，例如温度补偿和刀具磨损补偿，以保持切削精度。

2. 怎样进行温度补偿

加工过程中的热量将使数控机床产生变形，影响加工精度。必须在数控机床的关键部位埋置温度传感器，如热敏电阻、半导体温度 IC 等。数控系统接收到温度信号后，进行运算、判别，最终输出温度补偿控制信号。

3. 怎样进行刀具磨损监控

兴趣平台

刀具在切削工件的过程中会产生磨损，将影响工件的尺寸精度和表面粗糙度。对刀具磨损的自动监控有多种方式，功率检测是其中之一。

随着刀具的磨损，机床主轴电动机的负荷增大，电动机的电流也将变大，导致主轴功率 P 变大。当功率超过一定数值时，数控机床自动停止运转，操作者就能及时进行刀具调整或更换。

主轴电动机功率监控如图 13-16 所示。电流、电压信号由电流变换器和电压变换器来获得。还可以用体积更小的霍尔功率变送器来取代电流变换器、电压变换器。

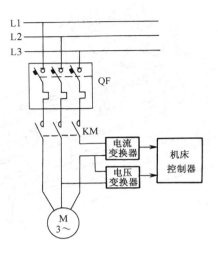

图 13-16　主轴电动机功率监控

三、数控机床自动保护

1. 怎样检测工件夹紧力

数控机床加工前，自动将毛坯送到主轴卡盘中并夹紧，夹紧力由油压传感器检测。当夹紧力小于设定值时，控制器将发出报警信号，停止走刀。

2. 过热保护有哪些

数控机床中，需要过热保护的部位有几十处，主要是监测轴温、压力油温、润滑油温、冷却空气温度、各个电动机绕组温度等。

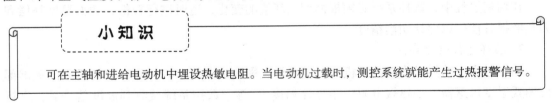

小知识

可在主轴和进给电动机中埋设热敏电阻。当电动机过载时，测控系统就能产生过热报警信号。

3. 辅助系统状态检测有哪些

在润滑、液压、气动等系统中，安装有压力传感器、液位传感器、流量传感器，对辅助系统随时进行监控，保证数控机床的正常运行。

第七节　传感器在机器人中的应用

机器人传感器的分类及应用如表 13-3 所示，一种"球坐标"工业机器人如图 13-17 所示。

> 机器人是由计算机控制的机器，它具有类似人的肢体及感官功能，有一定程度的智能。

表 13-3 机器人传感器分类及应用

类别	检测内容	应用目的	传感器件
明暗觉	是否有光，亮度多少	判断有无对象，并得到定量结果	光敏管、光电断续器
色觉	对象的色彩及浓度	利用颜色识别对象的场合	彩色摄影机、滤色器、彩色 CCD
位置觉	物体的位置、角度、距离	物体空间位置，判断物体移动	光敏阵列、CCD 等
形状觉	物体的外形	提取物体轮廓及固有特征，识别物体	光敏阵列、CCD 等
接触觉	与对象是否接触，接触的位置	识别对象的位置、形态，控制速度，异常停止，寻径	光电传感器、微动开关、薄膜接点、压敏高分子材料
压觉	对物体的压力、握力、压力分布	控制握力，识别握持物，测量物体弹性	压电元件、导电橡胶、压敏高分子材料
力觉	机器人有关部件（如手指）所受外力及转矩	控制手腕移动，伺服控制，正确完成作业	应变片、导电橡胶
接近觉	与对象物是否接近，接近距离，对象面的倾斜	控制位置，寻径，安全保障，异常停止	光传感器、气压传感器、超声波传感器、电涡流传感器、霍尔传感器
滑觉	垂直于握持面方向物体的位移，旋转重力引起的变形	修正握力，防止打滑，判断物体重量及表面状态	球形接点式、光电式旋转传感器、角编码器、振动检测器

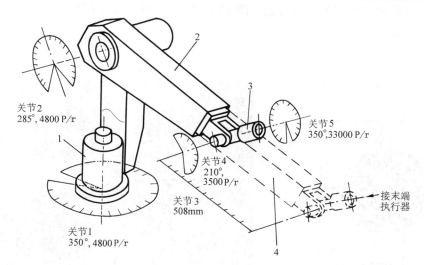

图 13-17 球坐标工业机器人

1—回转立柱 2—摆动手臂 3—手腕 4—伸缩手臂

1. 机器人怎样感知与对象的接触

当机器人的手爪表面接触物体时，接触时的瞬时压力使"仿生皮肤"上的**高分子压电**

薄膜（PVDF）因压电效应产生电荷，经电荷放大器产生脉冲信号。

PVDF 还具有热释电效应。当机器人的手爪抓住物体时，由于物体与 PVDF 表层有温差存在，PVDF 能产生电荷信号，计算机从而感知手爪与对象的接触。

2. 机器人怎样测控握力

机器人的手爪要抓住属性未知的物体时，必须对物体作用最佳大小的握持力，以保证既能握住物体不产生滑动和滑落，还不至于因用力过大而使物体产生变形而损坏。

常见的光电式滑觉传感器可采用球形滑觉传感器，如图 13-18 所示。滑觉传感器中有一个可自由滚动的球，球的表面有反光和不反光的网格。球滑动时，反光区与暗区交替，x、y 光电元件发出一系列对应的脉冲信号。

3. 机器人怎样感知与对象接近

接近觉使机器人能够实现以一定的速度逼近对象或避让对象。常用的接近觉传感器有电磁式、光电式、电容式、超声波式、红外式、微波式等。

超声波接近觉传感器能感知机器人前面有无物体，还能判断物体的远近。与光电传感器比较，其优点是不受环境因素，如背景光、导电性、表面反射率的影响。

4. 机器人是怎样"看清"对象的

带有**视觉系统**的机器人可以判断亮光、火焰、识别机械零件，进行装配作业、安装修理作业、精细加工等。

机器人使用 **CCD 图像传感器**来识别三维图像和彩色信息。经计算机处理，可以获得物体的大小、性状、位置坐标等参数。

安装有视觉传感器的机器人可应用于汽车的焊接系统中，能使末端执行器（焊枪）跟随物体表面形状的起伏不断变换姿态。图 13-19 所示为激光焊接机器人在图像传感器的协助下工作的情景。

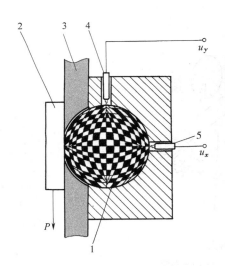

图 13-18　球形滑觉传感器

1—滑动球　2—被抓物　3—软衬
4—x 光电传感器　5—y 光电传感器

图 13-19　激光焊接机器人在图像传感器的协助下工作

第八节 传感器在智能楼宇中的应用

小知识

智能楼宇（缩写IB）中安装有众多传感器，用于自动监控、管理和信息服务，具有安全、高效、舒适、便利、灵活的特点。智能楼宇包括五大主要特征：楼宇自动化（BA）、防火自动化（FA）、通信自动化（CA）、办公自动化（OA）、信息管理自动化（MA）。智能楼宇的管理、监控、通信系统如图13-20所示。

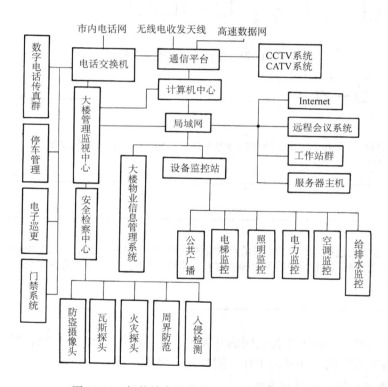

图 13-20 智能楼宇的管理、监控、通信系统

1. 如何监控智能楼宇中的空调系统

空调系统监控的目的是：既要提供温、湿度适宜的环境，又要求节约能源。其监控范围为制冷机、热力站、空气处理设备（空气过滤、热湿交换）、送排风系统、变风量末端（送风口）等，空调系统监控原理框图如图13-21所示。

在图13-21中，各个房间均安装有 CO_2 和 CO 传感器。当房间内的空气质量趋向恶劣时，将向智能楼宇的计算机中心发出报警信号，以防事故发生。

2. 如何监控智能楼宇中的给排水系统

给排水系统监控原理框图如图13-22所示。监控系统根据水箱和水池的高、低水位信

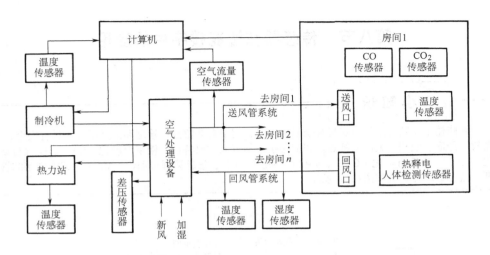

图 13-21　空调系统监控原理框图

想一想

图13-21中，在办公室内安装有热释电人体检测传感器，它将如何控制空调器的工作？

给排水系统的监控主要包括水泵的自动起停控制、水位流量控制、压力的测量与调节；用水量和排水量的测量；污水处理设备运转的监视、控制、水质检测；节水程序控制；故障及异常状况的记录等。

号来控制水泵的起、停及进水控制阀的开和关，并且进行溢水和停水的预警等。当水泵出现故障时，备用水泵则自动投入工作，同时发出报警信号。

3. 智能楼宇中的火灾监控系统

火情、火灾报警传感器主要有感烟传感器、感温传感器以及紫外线火焰传感器，可分为离子型、光电型、智能型等。

获得火情后，火灾监控系统就会经通信网络向有关职能部门报告火情，起动公共广播系统，引导人员疏散，并对楼宇内的防火卷帘门、电梯、灭火器、喷水头、消防水泵、电动门等联动设备下达起动或关闭的命令，以使火灾得到及时控制。

4. 智能楼宇中的门禁、防盗系统

门禁系统又称为出入口控制系统，是对楼宇内外的出入通道进行智能管理的系统。门禁系统的重要组成部分为门禁控制单元。

门禁控制单元一般由门禁读卡模块或智能卡读卡器以及指纹识别器或视网膜识别器、

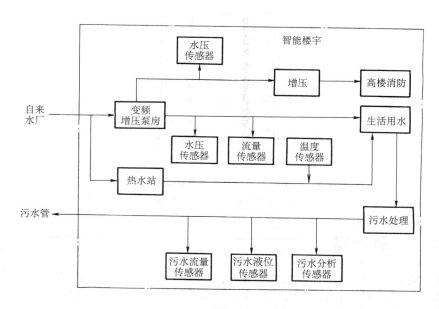

图 13-22　给排水系统监控原理框图

电磁锁或电动闸门等部件组成。人员通过受控制的门或通道时，必须在门禁读卡器前出示代表其合法身份的授权卡、密码等才能通行。

5. 智能楼宇中的安全监视系统有哪些

智能楼宇通常在重要通道的上方安装电视监控系统，并自动将画面存储于计算机的硬盘内。当画面发生变化时，可给工作人员发出提示信号。使用计算机还便于调阅在此期间任何时段的画面，还可放大、增亮、锐化有关的细节。

在一些无人值守的部位，根据重要程度和风险等级要求进行设置。例如对金融、贵重物品库房、重要设备机房、主要出入口通道等进行周界或定方位保护。周界和定方位保护可同时使用压电、红外、微波、激光、振动、玻璃破碎等传感器。

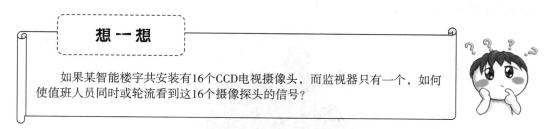

想一想

如果某智能楼宇共安装有16个CCD电视摄像头，而监视器只有一个，如何使值班人员同时或轮流看到这16个摄像探头的信号？

6. 智能楼宇中的电梯安全运行系统

电梯是机械、电气紧密结合的产品。轿厢是乘人、运货的设备。在电梯中，有多种传感器用于电梯的控制，如电梯的防夹控制、平层控制、选层控制、门系统控制等。

电梯门的光电式保护装置如图 13-23 所示。在轿门关闭的过程中，只要遮断其中任一道光路，门就会重新开启，待乘客进入或离开轿厢后才继续完成关闭动作。若采用光幕代替发光二极管，可以将轿门的大部分区域纳入保护范围。

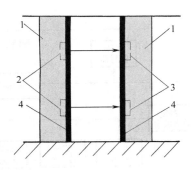

图 13-23　光电式保护装置

1—轿门　2—红外发射装置　3—红外接收装置　4—安全触板

想 一 想

① 当乘客的手或脚一小部分在轿厢外面时，图13-23中的光电式保护装置有可能不起作用，手或脚就有被轿门夹住的危险。应该设置什么样的传感器来防护？

② 轿厢是如何准确地停在与地面齐平的位置？

可在两扇轿门的边沿，各安装了一根安全触板。当电梯在关门过程中，有物体碰到安全触板时，安全触板向内缩进，带动内部一个十分灵敏的微动开关，控制轿门重新打开。

电梯开门时，轿厢的踏板必须与楼层的地面在同一平面上。多数电梯采用光电角编码器与**电梯平层感应器**配合使用来实现"平层"。平层感应器的实质为图 8-9d 所示的霍尔接近开关或图 4-12 所示的电涡流接近开关，也可以使用图 13-4c 所示的干簧管开关。

电梯控制器中的 PLC 先根据角编码器发出的脉冲个数计算轿厢的位置。当轿厢到达乘客指定的楼层时，发出减速信号。

电梯井道中的每层上下方各安装两个平层感应器，并在轿厢一侧装一块隔磁板。电梯平层感应器如图 13-24 所示。

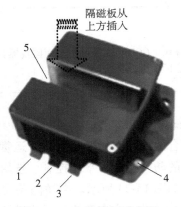

图 13-24　电梯平层感应器

1—V_{CC}　2—GND　3—开关信号输出端　4—固定孔　5—隔磁板插槽

当隔磁板随轿厢下降时，逐渐插入下方的第一个平层感应器。至额定动作距离时，平层感应器动作，PLC 根据平层感应器的编号计算出电梯的实际位置，同时显示电梯所在位置的楼层数字，并控制轿厢进一步减速。

当隔磁板继续向下运动，插入第二个平层感应器时，PLC 立即发出煞车信号，轿厢准确地停住。调试时，必须上下微调并紧固平层感应器。

回顾一下

图13-24中，电梯平层感应器的第三个接线端子的输出为开关信号。在第四章里，图4-12所示的接近开关输出有几种类型？

什么叫"常开输出"？什么叫"常闭输出"？什么叫"NPN输出"？什么叫"PNP输出"？

在第十三章里，给大家介绍了6大类型传感器的综合应用实例，对中职自动化专业毕业生有一定的参考价值。

在讲述传感器在家电、汽车、数控机床、机器人、智能楼宇中的应用的章节中，分别涉及5个不同的专业。各校可根据实际需要，选讲有关的内容。

以下的思考题和习题需要将前几章学过的知识加以融会贯通，以解决实际应用的问题。

做完习题后，希望再把前面十二章的内容复习一下，要准备考试了，^_^!

大家的复习方法主要是把全书通读一遍，重点放在读图、看特性参数、技术指标和结论上，也要掌握一些基本的计算方法，这些计算方法在各章节里都有详细的举例。

思考题与习题

1. 单项选择题

1）图 13-6 所示的结构方式属于_____；而图 13-7 所示的结构方式属于_____；现代化电厂的检测、控制系统应该采用_____。

A. 个人仪器　　　　　B. 智能仪器　　　　　C. 自动测试系统

2）CMOS 模拟开关的缺点是_____。

A. 速度慢   B. 耗电大   C. 集成度低   D. 易击穿、导通电阻不为零

3）在图 13-6 中，计算机向多路模拟采样开关发出的地址为 0000，则_____热电偶的信号被选通到仪用放大器，并进行 A/D 转换。

A. R   B. B   C. YSH   D. K

4）图 13-8 所示的智能化流量积算仪中，显示的质量总量单位是_____。

A. t   B. m^3 C. m^3/s D. t/h

2. 请参考图 13-11，回答以下问题：

1）总结现代汽车中的传感器可分成哪几种类型？

2）请观察各种类型的汽车，例如小轿车、大客车、大卡车、工程车甚至拖拉机，然后回答：你觉得除了本书介绍的传感器之外，还可以在这些车辆的哪些部位安装哪些传感器，从而可以进一步提高车辆的舒适性、效率、环保、安全性能等？

3. 请观察空调的运行过程，谈谈你对"模糊空调"的初步想法，必须包含哪些传感器才能实现这个构思？

4. 某驾驶员希望实现以下设想：下雨时，能自动开启汽车挡风玻璃下方的雨刷。雨越大，雨刷来回摆得越快。请谈谈你的构思。

5. 请根据学过的知识，参考附录 A 的有关内容，在表 13-4 上画出连接线，将左边的传感器与右边的具体应用连接起来（多项选择）。

表 13-4 传感器的应用连线

传感器名称	应 用 连 线	应用场合与领域
金属热电阻		$-50 \sim 150℃$ 测温
热敏电阻		$-200 \sim 960℃$ 测温
热电偶		$200 \sim 1800℃$ 测温
PN 结测温集成电路		直线和角位移测量
磁电接近开关		10mm 以下、分辨力达到 $10\mu m$ 的位移测量
电涡流接近开关		力、应力、应变、扭矩测量
电容接近开关		压力测量
霍尔接近开关		重力测量
光电接近开关		可燃性气体测量
电位器		1mm 以下、分辨力达到 $0.5\mu m$ 的位移测量
应变片		厚钢板内部无损探伤
自感、互感传感器		动态力测量
电涡流传感器		图像识别
气敏电阻		相对湿度测量
湿敏电阻		振动测量
电容传感器		液位测量
压电传感器		磁场方向测量
光敏三极管		地球磁场强度测量

（续）

传感器名称	应 用 连 线	应用场合与领域
APD 光敏二极管		转速测量
光电池		角位移测量
热释电传感器		塑料粒子物位测量
光纤传感器		液体的透明度测量
CCD 图像传感器		1m 以下、分辨力达到 5μm 的位移测量
线性霍尔传感器		30m 以下、分辨力达到 0.5μm 的位移测量
磁阻传感器		30m 以上分辨力达到 10μm 的位移测量
超声波传感器		铁磁材料的接近程度
角编码器		磁极的接近程度
光栅传感器		铝材的接近程度
磁栅传感器		粮食物位
容栅传感器		光纤通信信号
干簧管		人体的移动

搜一搜

请上网查阅有关粮食仓库中使用的"粮堆温度、湿度、虫情巡回检测"系统的网页资料，并画出系统框图。

附　　录

附录 A　常用传感器的性能及选择

传感器类型	典型示值范围	特点及对环境的要求	应用场合与领域
金属热电阻	$-200 \sim 960℃$	精度高，不需冷端补偿；对测量桥路及电源稳定性要求较高	测温、温度控制
热敏电阻	$-50 \sim 150℃$	灵敏度高，体积小，价廉；线性差，一致性差，测温范围较小	测温、温度控制及与温度有关的非电量测量
热电偶	$-200 \sim 1800℃$	属自发电型传感器，精度高，测量电路较简单；冷端温度补偿电路较复杂	测温、温度控制
ＰＮ结集成温度传感器	$-50 \sim 150℃$	体积小，集成度高，精度高，线性好，输出信号大，测量电路简单；测温范围较小	测温、温度控制
热成像	距离 1000m 以内、波长 $3 \sim 16\mu m$ 的红外辐射	可在常温下依靠目标自身发射的红外辐射工作，能得到目标的热像；分辨率较低	探测发热体、分析热像上的各点温度
电位器	500mm 以下或 360°以下	结构简单，输出信号大，测量电路简单；易磨损，摩擦力大，需要较大的驱动力或力矩，动态响应差，应置于无腐蚀性气体的环境中	直线和角位移及张力测量
应变片	2000$\mu m/m$ 以下	体积小，价廉，精度高，频率特性较好；输出信号小，测量电路复杂，易损坏，需定时校验	力、应力、应变、扭距、质量、振动、加速度及压力测量
自感、互感	100mm 以下	分辨力高，输出电压较高；体积大，动态响应较差，需要较大的激励功率，分辨力与线性区有关，易受环境振动影响，需考虑温度补偿	小位移、液体及气体的压力测量及工件尺寸的测量
电涡流	50mm 以下	非接触式测量，体积小，灵敏度高，安装使用方便，频响好，应用领域宽广；测量结果标定复杂，分辨力与线性区有关；需远离不属被测物的金属物；需考虑温度补偿	小位移、振幅、转速、表面温度、表面状态及无损探伤、接近开关

（续）

传感器类型	典型示值范围	特点及对环境的要求	应用场合与领域
电容	50mm 以下 360°以下	需要的激励源功率小，体积小，动态响应好，能在恶劣条件下工作；测量电路复杂，对湿度影响较敏感，需要良好屏蔽	小位移、气体及液体压力、流量测量、厚度、含水量、湿度、液位测量、接近开关
压电	10^6N 以下	属于自发电型传感器，体积小，高频响应好，测量电路简单；不能用于静态测量，受潮后易产生漏电	动态力、振动、加速度测量
光敏电阻	视应用情况而定	非接触式测量，价廉；响应慢，温漂大，线性差	测光、光控
光敏晶体管	视应用情况而定	非接触式测量，动态响应好，应用范围广；易受外界杂光干扰，需要防光罩	照度、转速、位移、振动、透明度、颜色测量、接近开关，光幕，其他领域的应用
光纤	视应用情况而定	非接触、可远距离传输，应用范围广，可测微小变化，绝缘电阻高，耐高压；测量光路及电路复杂，易受外界干扰，测量结果标定复杂	超高电压、大电流、磁场、位移、振动、力、应力、长度、液位、温度
CCD	波长 0.4～1μm 的光辐射	非接触，高分辨率，集成度高，耗电省；价昂，须防尘、防震	长度、面积、形状测量、图形及文字识别、摄取彩色图像
霍尔	0.001～0.2T	非接触，体积小，线性好，动态响应好，测量电路简单，应用范围广；易受外界磁场影响，温漂较大	磁感应强度、角度、位移、振动、转速测量
磁阻	0.1～1000Gs	非接触，体积小，灵敏度高；不能分辨磁场方向，线性较差，温漂大，需要差动补偿	电子罗盘、高斯计、磁力探矿、漏磁探测、伪币检测、角位移、转速测量
超声波	视应用情况而定	非接触式测量，动态响应好，应用范围广；测量电路复杂，定向性差，测量结果标定困难	无损探伤、距离、速度、位移、流量、流速、厚度、液位、物位测量，或其他特殊领域应用
角编码器	10000r/min 以下，角位移无上限	测量结果数字化，精度较高，受温度影响小，成本较低	角位移、转速测量，经直线-旋转变换装置也可测量直线位移
光栅	20m 以下	测量结果数字化，精度高，受温度影响小；价昂，不耐冲击，易受油污及灰尘影响，须用遮光、防尘罩防护	大位移、静动态测量，多用于自动化机床
磁栅	30m 以下	测量结果数字化，精度高，受温度影响小，磁录方便，价格比光栅低；精度比光栅低，易受外界磁场影响，需要屏蔽，摩擦力大，应防止磁头磨损	大位移、静动态测量，多用于自动化机床
容栅	1m 以下	测量结果数字化，体积小，受温度影响小，可用电池供电，价格比磁栅低；精度比磁栅低，易受外界电场影响，需要屏蔽	静动态测量，多用于数显量具

附录 B　工业热电阻分度表[①]

工作端温度/℃	电阻值/Ω		工作端温度/℃	电阻值/Ω	
	Cu50	Pt100		Cu50	Pt100
−200		18.52	330		222.68
−190		22.83	340		226.21
−180		27.10	350		229.72
−170		31.34	360		233.21
−160		35.54	370		236.70
−150		39.72	380		240.18
−140		43.88	390		243.64
−130		48.00	400		247.09
−120		52.11	410		250.53
−110		56.19	420		253.96
−100		60.26	430		257.38
−90		64.30	440		260.78
−80		68.33	450		264.18
−70		72.33	460		267.56
−60		76.33	470		270.93
−50	39.24	80.31	480		274.29
−40	41.40	84.27	490		277.64
−30	43.56	88.22	500		280.98
−20	45.71	92.16	510		284.30
−10	47.85	96.09	520		287.62
0	50.00	100.00	530		290.92
10	52.14	103.90	540		294.21
20	54.29	107.79	550		297.49
30	56.43	111.67	560		300.75
40	58.57	115.54	570		304.01
50	60.70	119.40	580		307.25
60	62.84	123.24	590		310.49
70	64.98	127.08	600		313.71
80	67.12	139.90	610		316.92
90	69.26	134.71	620		320.12
100	71.40	138.51	630		323.30
110	73.54	142.29	640		326.48
120	75.69	146.07	650		329.64
130	77.83	149.83	660		332.79
140	79.98	153.58	670		335.93
150	82.13	157.33	680		339.06
160		161.05	690		342.18
170		164.77	700		345.28
180		168.48	710		348.38
190		172.17	720		351.46
200		175.86	730		354.53
210		179.53	740		357.59
220		183.19	750		360.64
230		186.84	760		363.67
240		190.47	770		366.70
250		194.10	780		369.71
260		197.71	790		372.71
270		201.31	800		375.70
280		204.90	810		378.68
290		208.48	820		381.65
300		212.05	830		384.60
310		215.61	840		387.55
320		219.15	850		390.84

[①] ITS—1990 国际温标所颁布的分度表的温度间隔是 1℃，本书为节省篇幅，将间隔扩大到 10℃，仅供读者练习查表用，附录 C 亦如此。若读者欲获知每 1℃ 的对应阻值或毫伏数，可查阅有关 ITS—1990 国际温标手册。

附录 C　镍铬-镍硅（K）热电偶分度表

（自由端温度为0℃）

工作端温度/℃	热电动势/mV	工作端温度/℃	热电动势/mV
−270	−6.458	190	7.739
−260	−6.441	200	8.138
−250	−6.404	210	8.539
−240	−6.344	220	8.940
−230	−6.262	230	9.343
−220	−6.158	240	9.747
−210	−6.035	250	10.153
−200	−5.891	260	10.561
−190	−5.730	270	10.971
−180	−5.550	280	11.382
−170	−5.354	290	11.795
−160	−5.141	300	12.209
−150	−4.913	310	12.624
−140	−4.669	320	13.040
−130	−4.411	330	13.457
−120	−4.138	340	13.874
−110	−3.852	350	14.293
−100	−3.554	360	14.713
−90	−3.243	370	15.133
−80	−2.920	380	15.554
−70	−2.587	390	15.975
−60	−2.243	400	16.397
−50	−1.889	410	16.820
−40	−1.527	420	17.243
−30	−1.156	430	17.667
−20	−0.778	440	18.091
−10	−0.392	450	18.516
0	0.000	460	18.941
10	0.397	470	19.366
20	0.798	480	19.792
30	1.203	490	20.218
40	1.612	500	20.644
50	2.023	510	21.071
60	2.436	520	21.497
70	2.851	530	21.924
80	3.267	540	22.350
90	3.682	550	22.776
100	4.096	560	23.203
110	4.509	570	23.629
120	4.920	580	24.055
130	5.328	590	24.480
140	5.735	600	24.905
150	6.138	610	25.330
160	6.540	620	25.755
170	6.941	630	26.179
180	7.340	640	26.602

自动检测与转换技术

（续）

工作端温度/℃	热电动势/mV	工作端温度/℃	热电动势/mV
650	27.025	1020	42.053
660	27.447	1030	42.440
670	27.869	1040	42.826
680	28.289	1050	43.211
690	28.710	1060	43.595
700	29.129	1070	43.978
710	29.548	1080	44.359
720	29.965	1090	44.740
730	30.382	1100	45.119
740	30.798	1110	45.497
750	31.213	1120	45.873
760	31.628	1130	46.249
770	32.041	1140	46.623
780	32.453	1150	46.995
790	32.865	1160	47.367
800	33.275	1170	47.737
810	33.685	1180	48.105
820	34.093	1190	48.473
830	34.501	1200	48.838
840	34.908	1210	49.202
850	35.313	1220	49.565
860	35.718	1230	49.926
870	36.121	1240	50.286
880	36.524	1250	50.644
890	36.925	1260	51.000
900	37.326	1270	51.355
910	37.725	1280	51.708
920	38.124	1290	52.060
930	38.522	1300	52.410
940	38.918	1310	53.759
950	39.314	1320	53.106
960	39.708	1330	53.451
970	40.101	1340	53.795
980	40.494	1350	54.138
990	40.885	1360	54.479
1000	41.276	1370	54.819
1010	41.665		

附录 D　部分习题参考答案

第一章

3. 2) 1%

4. 4) 0.55%

第二章

2. 2) 12mV，3) $K = 416.7$

3. 2) 119.25Ω，4) $\gamma_x = 12.6\%$

第三章

2. $p = 50$kPa

3. 4) 3 个原因

第四章

3. 2) 0.66N

4. 1) 1.6mm；4) 2.5mm

第五章

2. 4) 26 线

3. 3) 5V

第六章

2. 100pF

4. 2) 3.4m

第七章

2. 3.54m

第八章

3. 4) 10A

第九章

2. 950℃

第十章

3. 500mA，50V

第十一章

2. 3) 0.025°

3. 4) 6.13×10^{-5}m

参 考 文 献

[1] 严钟豪，谭祖根. 非电量电测技术 [M]. 北京：机械工业出版社，2002.

[2] 常建生，石要武，常瑞. 检测与转换技术 [M]. 北京：机械工业出版社，2001.

[3] 王侃夫. 机床数控技术基础 [M]. 北京：机械工业出版社，2001.

[4] 王元庆. 新型传感器原理及应用 [M]. 北京：机械工业出版社，2002.

[5] 张福学. 传感器应用及其电路精选 [M]. 北京：电子工业出版社，2000.

[6] 李东江. 现代汽车用传感器及其故障检测技术 [M]. 北京：机械工业出版社，1999.

[7] 曲波. 工业常用传感器选型指南 [M]. 北京：清华大学出版社，2002.

[8] 张福学. 机器人技术及其应用 [M]. 北京：电子工业出版社，2000.

[9] 王昌明. 传感与测试技术 [M]. 北京：北京航空航天大学出版社，2005.

[10] 张如一. 应变电测与传感器 [M]. 北京：清华大学出版社，1999.

[11] 王绍纯. 自动检测技术 [M]. 北京：冶金工业出版社，2001.

[12] 钱浚霞，郑坚立. 光电检测技术 [M]. 北京：机械工业出版社，1993.

[13] 陈守仁. 自动检测技术 [M]. 北京：机械工业出版社，1991.

[14] 刘存. 现代检测技术 [M]. 北京：机械工业出版社，2005.

[15] 国家技术监督局计量司. 90 国际温标通用热电偶分度表手册 [M]. 北京：中国计量出版社，1994.

[16] 李谋. 位置检测与数显技术 [M]. 北京：机械工业出版社，1993.

[17] 蔡仁钢. 电磁兼容原理、设计和预测技术 [M]. 北京：北京航空航天大学出版社，1997.

[18] 王宜. 设备振动简易诊断技术 [M]. 北京：机械工业出版社，1990.

[19] 吴今迈. 设备诊断实例 [M]. 上海：上海科学技术出版社，1997.

[20] 张俊哲. 无损检测技术及其应用 [M]. 北京：科学出版社，1993.

[21] 贺桂芳. 汽车与工程机械用传感器 [M]. 北京：人民交通出版社，2003.

[22] 谢怀暄. 桑塔纳轿车的构造及修理 [M]. 福州：福建科学技术出版社，2000.

[23] 周艳萍. 电子侦控技术 [M]. 上海：上海科学技术文献出版社，1998.

[24] 刘培尧. 电梯原理与维修 [M]. 北京：电子工业出版社，1999.